一认真，
你就赢了

跃迁成为高手的不二法门

龙小语◎著

黑龙江教育出版社

图书在版编目（CIP）数据

一认真，你就赢了 / 龙小语著. -- 哈尔滨：黑龙江教育出版社，2017.9
（读美文库）
ISBN 978-7-5316-9618-6

Ⅰ. ①一… Ⅱ. ①龙… Ⅲ. ①成功心理—通俗读物 Ⅳ. ①B848.4-49

中国版本图书馆CIP数据核字（2017）第233037号

一认真，你就赢了
Yi Renzhen，Nijiu Yingle

龙小语 著

责任编辑	徐永进
装帧设计	MM末末美书
责任校对	张铁男
出版发行	黑龙江教育出版社
	（哈尔滨市南岗区花园街158号）
印　　刷	天津安泰印刷有限公司
开　　本	880毫米×1230毫米　1/32
印　　张	7
字　　数	140千
版　　次	2018年1月第1版
印　　次	2018年1月第1次印刷
书　　号	ISBN 978-7-5316-9618-6　　定　价　26.80元

黑龙江教育出版社网址：www.hljep.com.cn
如需订购图书，请与我社发行中心联系。联系电话：0451-82533097　82534665
如有印装质量问题，影响阅读，请与我公司联系调换。联系电话：010-64926437
如发现盗版图书，请向我社举报。举报电话：0451-82533087

"认真"二字,在当下浮躁的现实,很少被人提起,似乎被人们冷落、淡忘了。越来越多的人崇尚财富,追名逐利,更多的人则心浮气躁、随波逐流,却很难静下心来认认真真、踏踏实实地做自己该做的事情。

我们也随处可见那些"不认真"的人。他们做起事来,要么急于求成,急功近利;要么好高骛远,眼高手低;要么浅尝辄止,半途而废;要么粗枝大叶,毛毛糙糙;要么拖三拉四,效率低下;要么投机取巧,总想不劳而获;要么敷衍了事,寻找各种借口搪塞责任……做人方面,他们也如出一辙,要么华而不实,要么虚情假意,要么言行不一,甚至在爱情和生活上也不愿认真以待,而是持一种得过且过、游戏人生的态度。

不认真的结果,并没有给自己赢得什么,却让自己在人生中输了一场又一场:

职场上的不认真,失去了老板的信任,升职加薪无望;

商场上的不认真,导致事业陷入低潮,进退维艰;

社交场上的不认真,人气指数暴跌,交际圈越来越窄;

情场上的不认真,真爱难觅,婚姻频频亮起红灯;

细节上的不认真,小疏忽铸成大错误,功败垂成;

行动上的不认真,观望等待,贻误时机,一事无成;

梦想上的不认真，故步自封，不思进取，沦为落伍者、潦倒者；
……

不论是做人还是做事，都需要认真的精神，认真的态度，认真的习惯。认真，是成熟做人的核心准则，更是成功做事的不二法门。

认真不一定能成功，但不认真一定不能成功。做事是否认真，体现了一个人的人生态度、处世风格、职业精神。只有那些有着严谨的生活态度和恪尽职守的敬业精神的人，才会认真地对待每一件事，认真地对待每一个人。这样的人也往往会得到社会和公众的信任，从而为自己打开成功之门。大凡精英和成功人士，无不是将"认真"奉为人生座右铭，对任何事都抱以十二分的认真精神去经营，最终登上了事业高峰，成为人生的最大赢家。

成功的秘诀是什么？不是你比别人更聪明或幸运，而是比别人更认真。世界上任何真正的业绩和伟大的成就无不是靠认真换来的。认真做人、认真做事、认真生活，不应该只是一种态度，更应该是每个人必备的品质，应作为人生目标努力去实践。

《一认真，你就赢了》从心态、品格、工作、说话、办事、处世、爱情、生活、行动、梦想诸方面，告诉我们如何摒弃浮躁心态，如何树立认真的意识和习惯，用认真点亮生命，用认真书写人生，最终赢得事业和生活的双重回报，赢得人生真正的成功。

认真的人，时光从来不会辜负他。

认真的人，生活从来不会抛弃他。

认真的人，成功从来不会远离他。

一认真，你就赢了！

第一章 你不是不成功,只是还不认真

不认真的你,心浮气躁了吗 …002
不认真的你,好高骛远了吗 …004
不认真的你,急功近利了吗 …006
不认真的你,浅尝辄止了吗 …008
不认真的你,粗心大意了吗 …010
不认真的你,敷衍塞责了吗 …013
不认真的你,做事拖延了吗 …015
不认真的你,投机取巧了吗 …017
不认真的你,不思进取了吗 …019
不认真的你,言行不一了吗 …021

第二章 十项修炼,晋级世界最认真的人

正直:堂堂正正做人做事 …024
尽责:做时代的中流砥柱 …026
守信:"信"字为先赢天下 …028
自律:高标准,高成就 …031
自控:成熟练达的赢家心态 …035
务实:脚踏实地,成功落地 …037
行动:迈出从 0 到 1 的第一步 …039
专注:化繁为简的认真力量 …041

　　　　坚毅：一坚持，你就赢了　　　…043
　　　　克终：人生因善始善终而精彩　…045

第三章　工匠精神，向高段位人生精进

　　　　认真学习，怀揣终身护照　　　…048
　　　　刻意练习，历练一技之长　　　…050
　　　　天天向上，每天进步一点点　　…052
　　　　强化内存，做高段位的竞争者　…054
　　　　匠人匠心，升级高段位的专家　…056
　　　　持续升值，向价值型员工进化　…058
　　　　搭建天梯，与成功者为伍　　　…061
　　　　不逼一把，不知道自己多优秀　…063
　　　　进取精进，成为更厉害的人　　…066
　　　　突破平庸，跃迁为少数的领先人　…069

第四章　带着正能量工作，认真是职场通行证

　　　　行走职场，先点燃激情之火　　…072
　　　　在"最佳状态"中工作　　　　…074
　　　　认真担负使命，责任成就优秀　…076
　　　　忠于职守，认真履行职责　　　…078
　　　　强化责任心，认真胜于能力　　…081
　　　　认真执行，不找任何借口　　　…084
　　　　精益求精，认真没有上限　　　…086
　　　　认真奉献，主动承担分外工作　…088
　　　　认真细致，不放过每一个细节　…091
　　　　用力才能合格，用心才能优秀　…093

第五章　认真说话，一开口你就赢了

天天说话，你是否认真说话了 …096
认真说话，有话好好说 …098
认真说话，只说该说的话 …101
言简意赅，一开口就直抵人心 …103
说话有力量，表达有力度 …105
与人交谈，贵在诚实 …108
说话六字真言：真实真情真诚 …110
一语胜千言，一言定乾坤 …112
谨言慎语，句句说中心坎 …114
谨慎周密，把话说得滴水不漏 …117

第六章　认真做人真诚待人，人人都挺你

认真是品格的王冠 …120
认真是撼动人心的影响力 …122
真诚为你的人气加码 …124
诚信是人际交往的"信用卡" …126
一两重的真诚＞一吨重的聪明 …129
尊重别人即是尊重自己 …131
真情换真情，真心赢真心 …133
认真认个错，形象加十分 …135
低调做人，赢取好人缘 …138
坚守待人准则，人气指数暴涨 …140

第七章　认真恋真心爱，赢得一生的真爱

爱，是认真过一生的责任 …144

婚前想明白，婚后不折腾 …146
可以恋爱，不可滥爱 …149
给恋人一方秘密的绿洲 …152
认真爱一个人，认真过一辈子 …154
真善美：三位一体铸真爱 …157
若要爱，全心爱 …159
相爱时要真诚，拥有时要珍惜 …161
心心相印，跨越"七年之痒" …164
真爱无悔，不离不弃爱一生 …167

第八章 认真不较真，赢在恰到好处

认真不是较真、认死理 …170
小计较，大遗憾 …172
苛求他人，等于孤立自己 …175
计较是把双刃剑，伤人又伤己 …177
认真 = 原则性 + 灵活性 …180
认真 ≠ 一竿子捅到底 …182
出入均有度，攻守皆自如 …184
该计较什么，不该计较什么 …186
只在做事上认真，不在情绪上计较 …189
把握认真尺度，赢在恰到好处 …191

第九章 让认真成为习惯，做最后的赢家

认真的品质，优质的生活 …194
认真是一种人生态度 …197
让认真成为终身习惯 …199

将职业当成事业认真经营 …201
让认真反省成为习惯 …203
让认真思考成为习惯 …205
让认真坚持成为习惯 …207
信念不输场，人生不输阵 …209
不忘初心方得始终，做最后的赢家 …211

第一章

你不是不成功，
只是还不认真

不认真的你,心浮气躁了吗

在我们的心灵深处,总有一种力量使我们茫然不安,让我们无法宁静,这种力量叫浮躁。浮躁就是心浮气躁,是指轻浮飘忽、爱慕虚荣、见异思迁、做事不认真无耐心、总想投机取巧、急于求成、爱抱怨、经常发脾气等不良心理体验。目前,浮躁是我们国人的一种普遍不良心理表现。

浮躁的人在做事上有多种表现:第一,事情做到了一半,就觉得要大功告成了,开始飘飘然起来;第二,做事毛毛糙糙,巴不得立马干好,只讲速度,不讲质量;第三,处于一种烦躁状态:觉得事事都没什么可做的,没什么意义,做不出个什么名堂来,没劲。

在浮躁的心态下,做什么事情都不认真,总是浅尝辄止,看书一掠而过,做事这山望着那山高,总是希望鱼与熊掌兼得。但在事实上,这种浮躁的心情对我们的成功没有任何帮助,反而成了阻碍成功的绊脚石。因为浮躁,我们把应该冷静思考问题的时间放在自寻烦恼、患得患失上;因为浮躁,我们总是在想着事情的最后成果，急于看到我们所作的工作的成果，凡事都急于求成。

浮躁是通病。心浮气躁的人，做事情总浮于表面，不能深入认识事情的复杂性或做事的意义。他们没有从事情的细节上去了解它，没有看到隐藏在事情背后的困难，或其所涉及的其他因素。他们的兴趣没有被提升起来，他们那种挑战自己和别人的欲望也被压抑着。

浮躁是成功、幸福和快乐最大的敌人。从某种意义上讲，浮躁不仅是人生最大的敌人，而且还是各种心理疾病的根源，它的表现形式呈现多样性，已渗透到我们的日常生活和工作中。

浮躁使人失去对自我的准确定位，使人随波逐流、盲目行动，与我们所倡导的认真务实、脚踏实地、励精图治、公平竞争的精神相对立，对社会、国家和个人的发展极为有害，必须加以克服。无论是获取幸福快乐，还是获取成功，我们都必须要拭去心灵深处的浮躁。

不认真的你，好高骛远了吗

中国有句古语：一屋不扫，何以扫天下？用以警示那些整天说大话、好高骛远而不脚踏实地、认真做事的人。然而现实中，这样的人却总是大有人在。

20世纪90年代末，会计工作是热门，阿文自学成才，通过阅读会计相关的书籍，考取会计资格证书。然后，他应聘来到一家大型企业担任会计，并很快被提升为会计科科长。然而没干到两年，他又不甘心了，自己这样聪明，不应该过得如此"清淡"。

于是，阿文又开始自学营销，之后来到一家大型公司做营销工作，但由于营销工作收入不太稳定，他又开始不甘，准备再次跳槽。

看着一些朋友在IT行业干得不错，阿文又开始学习制作网页。他凭网页制作特长应聘进一家公司，一开始的工作就是帮助该企业制作网页。很快，他就将网页制作成功，该网页美观，实用性也较强，点击率一周内突破上万次，为此颇受公司老总赏识。但半个月后，公司发现自己在网上提到的产品技术被人盗用，通过咨询计算机网络专家，方知，阿文设计的网页在防"黑客"技术上有漏洞，很容易被专业人士侵扰。此事发生后，阿文只得灰溜溜地选择离开该公司。

现在，阿文常去人才市场应聘，但一直没有找到"自己如愿"的工作。痛苦的职场冰河期，时常令他倍感压力。

现实生活中这样好高骛远、眼高手低的人不少，不屑于扫一室，天天梦想着干大事，干轰轰烈烈的惊天动地的事情，尤其新参加工作的人经常对事务性的工作不屑一顾，认为这些具体的工作让自己干是大材小用，委屈了自己，结果真正给他重要事情干的时候，又没有实力干好了。

这种人老想着干大事，小事不屑于做，即使做了，感情上也非常不情愿，心理上也觉得不舒服受委屈，当然有这样心态的人小事肯定干不好，连小事都干不好的人，怎么能干大事呢？

想扫天下的人必须有扫天下的能力和心态，扫天下的能力和心态是通过认真、持续性地扫一室而积累和培养出来的，整天只想扫天下而不想扫一室的人肯定没有扫天下的能力和心态，不仅天下扫不了，而且一室也未必扫得好。

不认真的你，急功近利了吗

不认真做事的人，做事喜欢急功近利，总期望能"一口吃个胖子"，安不下心做好手边的事情。

急功近利，顾名思义就是对一时的得失看得过重，所有思路和工作都围绕着一个近期的目标，为了眼前的利益而忽略或者是放弃了长久的利益。

子夏是孔子的学生。有一年，子夏被派到莒父（现在的山东省莒县境内）去做地方官。

临走之前，他专门去拜望老师，向孔子请教说："请问，怎样才能治理好一个地方呢？"

孔子十分热情地对子夏说："治理地方，是一件十分复杂的事。可是，只要抓住了根本，也就很简单了。"

孔子向子夏交代了应注意的一些事后，又再三嘱咐说："无欲速，无见小利。欲速，则不达；见小利，则大事不成。"

这段话的意思是：做事不要单纯追求速度，不要贪图小利。

单纯追求速度，不讲效果，反而达不到目的；只顾眼前小利，不讲长远利益，那就什么大事也做不成。

子夏表示一定要按照老师的教导去做，就告别孔子上任去了。后来，"欲速则不达"作为谚语流传下来，被人们经常用来说明过于性急图快，反而适得其反，不能达到目的。

当前，在各个领域都不乏做事急躁、急功近利的人。稍加留意就不难发现，在生活中，"急躁情绪"成了出现频率很高的一个词："工作中有时犯急躁情绪"，"希望今后注意克服急躁情绪"，等等。有的人甚至几年、十几年都犯"急躁情绪"。

急躁习惯的弊端是显而易见的：它会使人心神不宁，经常在惴惴不安中生活；它会打乱人生活、学习、工作的正常秩序，并常常会造成"忙中生乱、殃及他人""虎头蛇尾、不了了之"和"欲速则不达"等不良结果。急躁的人容易发怒，因而既影响了人际关系，又影响了自己的身心健康。

无论办什么事，要保持冷静，从容镇定，认真务实，不要急急忙忙，心慌意乱。要知道"心急吃不了热豆腐"，急切慌乱不但解决不了问题，还会更加拖延时间，于事无补。虽然这些事在一定的方面决定于一个人的性格，但也反映了一个人的涵养功夫。因此，在这方面也要多多锻炼。

不认真的你，浅尝辄止了吗

没有认真精神的人，做事也总是浅尝辄止，虎头蛇尾，不能善始善终。

有一天，一个学生在课堂上问苏格拉底，怎样才能成为像苏格拉底那样学识渊博的学者。苏格拉底没有直接作答，只是说："今天我们只做一件最简单也是最容易的事，每个人把胳膊尽量往前甩，然后再尽量往后甩。"苏格拉底示范了一遍，说："从今天开始，大家每天做三百下，能做到吗？"学生们都笑了：这么简单的事，有什么做不到的？

过了一个月，苏格拉底问学生："哪些同学坚持了？"

教室里有百分之九十的学生举起了手。

一年过后，苏格拉底再次问学生："请告诉我，最简单的甩手动作，有哪几位同学坚持做到了今天？"

这时整个教室里只有一个学生举起了手，这个学生就是后来成为著名哲学家的柏拉图。

柏拉图和其他学生的不同之处就是他坚持着完成了老师所说的那个简单游戏，没有虎头蛇尾，他的这种做事态度，帮助他取得了他人永远无法取得的成就。

　　做事虎头蛇尾的人，往往是因为手头有很多事情要做，在完成一件事之前又想着去做另一件事，所以就形成了哪件事都做不好的恶性循环。

　　虎头蛇尾的人，注定难成大业。要知道任何一个目标的实现，都是认真专注、不断积累的结果，有些事情甚至会占用一个人很多的精力，所以能否成功的关键就在于你能否有始有终，一如既往地认真努力。很多人经常会犯的一个错误就是做事情总是三分钟热度，开始的时候信誓旦旦，热情高涨，但是没过几天就觉得没意思，就想放弃或者草草了事。这样的人怎么能够成就大业呢？

不认真的你，粗心大意了吗

粗心大意是指遇事欠思虑、不严谨，做事马虎，不细心，不认真。

粗心大意是一种我们最要不得的坏习惯，它是一个致命的硬伤。每次一点点"粗心大意"的放大，最终会带来一场"翻天覆地"的危害。

一次，巴西海顺远洋运输公司的最先进的一艘船"环大西洋"号海轮居然在一个海况极好的地方沉没了，很多人都十分不理解。后来有人发现电台下面绑着一个密封的瓶子，里面有一张纸条，21名船员的21种笔迹记录着当时发生的一切：

水手理查德：3月21日，我在奥克兰港私自买了一个台灯，准备给妻子写信时照明用。

二副瑟曼：我看见理查德拿着台灯回船，说了句这个台灯底座轻，船晃时别让它倒下，但没有干涉。

三副帕蒂：3月21日下午船离港，我发现救生筏施放器有问题，就将救生筏绑在了架子上。

水手戴维斯：离港检查时，发现水手区的闭门器损坏，用铁丝将门绑牢。

二管轮安特尔：我检查消防设施时，发现水手区的消防栓锈蚀，心想还有几天就到码头了，到时候再换吧。

舰长麦凯姆：起航时，工作繁忙，没有看甲板部和轮机部的安全检查报告。

机匠丹尼尔：3月23日上午理查德和苏勒的房间消防探头连续报警。我和瓦尔特进去后，未发现火苗，判定探头误报，拆掉交给惠特曼，想换个新的。

机匠瓦尔特：是的，我们没有发现一丝火苗。

大管轮惠特曼：我说正忙着，等一会儿就拿给你们。

服务生斯科尼：3月23日13点到理查德房间找他，他不在，坐了一会儿，随手开了他的台灯。

大副克姆普：3月23日13点半，带苏勒和罗伯特进行安全巡视，没有进理查德和苏勒的房间，说了句"你们的房间自己进去看看"。

水手苏勒：我笑了笑，没有进房间。

水手罗伯特：我也没有进房间，跟在苏勒后面。

机电长科恩：3月23日14点我发现跳闸了，因为这是以前也出现过的现象，没多想，就将闸合上，没有查明原因。

三管轮马辛：感到空气不好，先打电话到厨房，证明没有问题。后来又让机匠努波打开通风阀。

大厨史若：我接到马辛电话时，开玩笑说，我们这里有什么问题？你还不快来帮我们做饭？然后问乌苏拉"我们这里都安全吧？"

二厨乌苏拉：我回答说，我也感觉空气不好，但觉得我们这里很安全，就继续做饭了。

机匠努波：我接到马辛电话后，打开了通风阀。

管事戴思蒙：14点半，我召集所有不在岗位的人到厨房帮忙做饭，晚上大家会餐。

医生莫里斯：我没有巡诊。

电工荷尔因：晚上我值班时跑进了餐厅。

最后是船长麦凯姆写的话：19点半发现火灾时，理查德和苏勒的房间已经烧穿了，一切糟糕透了，我们没办法控制火情，而且火越来越大，直到整个船上都是火。我们每个人都只是犯了一点点小错误，但却酿成了船毁人亡的悲剧。

就因为每个人粗心大意犯了一点点小错，却使得整个轮船都沉没海底，大家全都丧命，这种故事带给我们的教训是惨痛的。

粗心大意，这些性情人人都有，时时都可能表现出来，在生活的其他方面影响也是有大有小，这个故事是把严重性放大了，但这些习惯恰恰是在严重性小的时候养成的。从事故本身来看是偶然的，从人的习性来看却是必然的。粗心大意，危害大矣！每一个期望成功的人，不可不对它保持警惕，将它从自己的内心挖除。

不认真的你，敷衍塞责了吗

在职场中，有一种很普遍的现象。每天走进办公室，很多人想的不是如何认真、更好地完成工作，而是处心积虑地去糊弄工作，能少干一分，决不多干一分。"给多少钱，就干多少事"是这类人的共同心态。他们自以为很聪明，马马虎虎应付完每一天的工作，常常暗自窃喜。殊不知，一个人糊弄工作，就是在糊弄自己。

身在职场，只有对工作认真负责才是真正的聪明。你只有怀着高度的责任感，每天出色地完成工作，你才有可能很快获得提升。反之，如果你对公司的兴亡完全不放在心上，对工作只是敷衍了事，那么你也将成为公司首先考虑的辞退对象。

某公司老板要赴国外公干，且要在一个国际性的商务会议上发表演说。他身边的几名工作人员于是忙得头晕眼花，要把他所需的各种物件都准备妥当，包括演讲稿在内。

在该老板出发的那天早晨，各部门主管也来送机。老板秘书问其中一个部门主管："你负责的文件打好了没有？"

这位主管睁着惺忪睡眼道:"昨晚只睡4小时,我熬不住睡去了。反正我负责的文件是以英文撰写的,老板看不懂英文,在飞机上不可能复读一遍。待他上飞机后,我回公司去把文件打好,再以电讯传去就可以了。"

谁知,老板驾到后,第一件事就问这位主管:"你负责预备的那份文件和数据呢?"这位主管按他的想法回答了老板。老板闻言,脸色大变:"怎么会这样?我已计划好利用在飞机上的时间,与同行的外籍顾问研究一下自己的报告和数据,你这是白白浪费我坐在飞机上的时间呀!"闻言,这位主管的脸色变得惨白。没过多久,他就丢掉了主管的职务。

"懒散、草率、敷衍"等这样一些字眼,正是工作不认真、不负责的具体表现。许多这样的人,比如职员、出纳、编辑、工程技术员甚至大学教授等,就是因为工作敷衍塞责出现差错而丢掉了工作。

有一句话想必大家早已耳熟能详:"今天工作不努力,明天努力找工作。"其实我们也可以这样说:"今天你糊弄工作,明天工作也会糊弄你!"如果今天你对工作完全不负责任,不认真对待,处理事情错漏百出,那么明天你很可能成为公司的裁员对象。

不认真的你，做事拖延了吗

目前，职场上不少人做事缺乏认真的精神，工作中习惯了拖延，对待上级吩咐的任务常常是能拖则拖，一拖再拖。

拖延是指有目的地推迟行动和做事进度的行为。拖延使目标任务在最后期限内无法完成，或者目标任务在最后期限内才刚刚启动。

拖延是一种普遍存在的现象。很多人做事总往后拖延一步，总愿意在行动之前先要让自己享受一下最后的安逸。只是在休息之后又想继续享受，这样直到期限已满行动也还未开始。事实就是，拖延直接导致行动的失败。

张宁大学毕业，在一座大城市干过很多工作，没有一个工作待的时间超过3个月的，原因是张宁自小就养成一种拖拉的坏习惯，干什么事都是今天推明天，明天推后天，推来推去什么事也没做成。就拿当初考大学来说，要不是他妈妈天天逼着学习，至今恐怕还在复习呢！就因为这个毛病，张宁求职过的很多公司都辞退了他，谁也不愿和一个"三天打鱼，两天晒网"、办事拖拖拉拉的人共事。

不久，张宁又去一家公司求职，这家公司也觉得张宁有市场策划的才能，决定经试用后再录用他。这家公司让他用半个月的时间搞个市场策划。这次张宁决心改掉自己办事拖延的坏毛病，他安排用一周时间搞市场调查，用5天时间写出规划，3天时间进行修改。这样，用不到15天就能完成工作任务。开始几天张宁不辞辛苦地奔波于各大市场进行调查，可没坚持几天，拖延的老毛病又犯了，10天过去了材料还没动笔写。一天经理要看他写的市场策划材料，他推脱还不到交稿时间。经理见离交稿时间只有3天了，他还没出成稿，便嫌他办事拖延，对工作极不认真，就对他说："你也不用写了，从明天起你就不用来上班了。"这个公司又因为张宁办事拖延的坏习惯把他给解雇了。

拖延是认真的大敌，是行动的大敌，也是成功的大敌。拖延使我们所有的美好理想变成真正的幻想，拖延令我们丢失"今天"而永远生活在"明天"的等待之中，拖延的恶性循环使我们养成懒惰的习性、犹豫矛盾的心态，这样就成为一个永远只知抱怨叹息的落伍者、失败者、潦倒者。

不认真的你，投机取巧了吗

缺乏认真精神的人，做起事来喜欢投机取巧，损人利己。

投机取巧，已经成了现代社会流行的一股歪风，很多人总想不劳而获，或者自己根本不是什么厉害角色，却非要自吹自擂，为了达到自己的目的，投机取巧，最终的结果是害人害己。投机取巧是最可耻的行为，假如没有能力做好某件事情，只是能力的问题，但是，如果为了满足自己的虚荣心投机取巧，那就是人品问题，这样的人，不可能得到别人的尊重，这样的人只会让人看不起。

李明明和丁娟两个人在一家公司工作，平时关系相处得很不错。年终，公司搞推广策划评比，每个人都可以拿出方案，优胜者有奖。李明明觉得这是一个好机会。经过半个月的深入调研，加上平时对市场工作的观察思考，很快作出了一个非常出色的策划案。方案征集截止日的最后一天，丁娟突然叹了一口气说："哎，明明，我还真有点紧张，心里没底啊。你帮我看看方案，提提意见。"

李明明连想都没想就答应了。丁娟的策划很是一般,没有什么创意,李明明看完没好意思说什么。丁娟用探究的目光盯着李明明,说:"让我也看看你的方案吧。"李明明心里一阵懊悔,可自己刚才看了人家的,现在没有理由不让别人看。好在明天就要开大会了,她想改也来不及了。

第二天开会,丁娟因为资历老,按次序先发言,丁娟讲述的方案跟李明明的方案一模一样,在讲解时,她对老板说:"很遗憾,我现在只能讲述自己的口头方案,电脑染了病毒,文件被毁了,我会尽快整理出书面材料。"李明明听了目瞪口呆,她没想到丁娟抢自己的功劳,她不敢把自己的方案交上去,也不敢申诉,她资历浅,怕老板不相信自己。只好伤心地离开了这家公司。丁娟的方案获得老板的认可,因为方案不是她自己的,有些细节不清楚,在执行方案时出了一点漏洞,又无法及时修正,结果失败。后来老板得知她抢了别人的方案,就无情地炒了她鱿鱼。

丁娟的行为是可耻的,利用别人对自己的信任盗用了别人的创意,虽然她得到了一时的满足,但是随着时间的推移,她并不能为自己的设计自圆其说,最后被查明了真相,所以被公司辞退,这样的人谁还敢信任她呢?投机取巧可以逞一时之快,但绝不是长久之法,我们都知道若要人不知,除非己莫为。就算自己掩饰得再好,真相总有暴露的一天。

无论事情大小,如果总是试图投机取巧,可能表面上看来会节约一些时间和精力,但结果往往是浪费更多的时间、精力和钱财,反而弄巧成拙,既害人又害己。

不认真的你,不思进取了吗

在工作中,不少人常常陷入故步自封的牢笼,沉迷于过去的辉煌,每天不思进取,不再为自己的工作注入热情和力量,不再对企业、对工作保持高度的忠诚和热爱。最终,这些没有自驱力的员工也会被更优秀的员工所淘汰。

朋友蒋在一家国有企业工作,混了10年,终于爬到了销售经理的位置。

这个职位炙手可热,当然,蒋为此付出了很多。这家工厂生产的产品是生活用品,似乎注定了蒋在这家工厂中占有举足轻重的地位。

蒋以前接到总经理的电话,会马上起身赶往公司。而现在,他可以一边和朋友聊天,一边和总经理聊天:"老总啊,我现在很忙,正在和客户谈话。"

我们可以看到,蒋已经把自己关在了故步自封的牢笼里了。他的自驱力完全丧失,所以,他以后的遭遇也就不足为怪了。

企业改制的时候，蒋有望再晋升一次，升为主管销售的副总经理。不知哪个环节出了问题，蒋仍然当他的销售经理。而一个车间主任"一步登天"成了他的顶头上司。

他的愤懑是可以想象的。到处放出话来，自己将不干了。最后董事长找他谈话，让他安心工作，董事会会考虑他的。但时间过去多日，董事会没有带来任何好消息，他原有的许多权益反而被取消了。

一怒之下，蒋辞职了。之前，他告诉我，公司会挽留的，因为他们再也找不到一个比他合适的销售经理了。但现实却是，蒋在提出辞职的时候，董事长并没有多大惊讶，只是要他仔细考虑一下。蒋说已经考虑好了。董事长说下午给他答复。过了三个小时，董事长打电话给蒋，说："请办好离职手续。"

蒋就这样离开了。他想看公司产品销售不出去的笑话，但事实又一次彻底回击了他。公司产品仍然源源不断地发往外地，他的离去没有给公司造成任何影响。他企图拉拢他的那些商人朋友，却没有一个人理睬他。因为他们是商人，他们以利润作为自己的终极目标。

故步自封的人，最终的结果只有一个，那就是被残酷的竞争所淘汰。无论你过去如何辉煌，那也仅仅是属于过去，只有把握住未来，才是你应该做的。

不认真的你,言行不一了吗

"认认真真做人,堂堂正正处世,踏踏实实做事",应当是每个人应奉行的做人信条。但今天,这一信条却大不为一些人认同了。追求虚名,说假话,办假事,不守信用,出尔反尔,言行不一,表里各异,成了现今社会的一大痼疾。有一则流行语说:"记者署假名,歌星演假唱,球星踢假球,百姓喝假酒——有人乐于假,有人苦于假。"报载,有一所学校发动学生为灾区募捐,在收上来的捐款中,竟然发现有多张假钞!这真叫人要问一句:今天,做人还需不需要诚实?

生活中,有的人总把自己看做"智多星",把别人看成"糊涂蛋",动不动就对别人用心计、耍手腕,把自己所拥有的那点小聪明发挥到极致。他们或以谎言取巧,或以诈术牟利,结果成为别人厌恶的对象。

每遇重大事项,靠说谎取巧者常担心谎言被人戳穿,靠行诈牟利者要提防诈术被人识破,因此而食不甘味、寝不安眠。综观世事可知，欺诈并非处世长久之计。美国前总统林肯说得好："你能在所有的时候欺骗某些人，也能在某些时候欺骗所有的人，但你不能在所有的时候欺骗所有的人。"欺诈之术迟早会被人识破，而一旦他的真实面目暴露出来，则上下左右的人必将低看他一等，避而远之。

虚假无信、言行不一的人，对生活会抱着一种应付敷衍、不负责任的态度。他们说话随随便便，信口开河；待人虚情假意，缺少诚意。他们不会爱别人，更不懂得为别人而付出，甚至对待婚姻和家庭也抱着无所谓的态度，不愿认真以对，担起全部的责任。然而，正如一句俗语所说的，"你怎样待生活，生活也就怎样对待你"，华而不实、虚情假意、招摇撞骗，最终受害的是自己。

清人王永彬的《围炉夜话》里说："世风之狡诈多端，到底忠厚人颠扑不破。末俗以繁华相尚，终觉冷淡处趣味弥长。"意思是，尽管社会上盛行尔虞我诈的风气，但说到底还是忠厚诚实的人能永远立于不败之地。低下的社会习俗争相以奢靡浮华为时尚，但毕竟还是在清净平淡之中体会到的淡泊趣味更为持久耐长。

这一段古人的话，似乎是专为今日的我们而说的。是的，尽管社会上"假"字风行，但我们绝不能因此而丢弃诚实这一做人的美德。这不但于整个社会的良性发展有利，也对完善我们自己的品行，使我们能正确与人交往大有好处。

所以，做人应当坦荡真诚，光明磊落，净如水，洁如冰，心口如一，言行一致。

第二章

十项修炼，
晋级世界最认真的人

正直：堂堂正正做人做事

做一个认真的人，首先要做一个正直的人。

1. 正直意味着高标准地要求自己

许多年前，一位作家在一次倒霉的投资中损失了一大笔财产，趋于破产。他打算用他所赚取的每一分钱来还债。三年后，他仍在为此目标而不懈地努力。为了帮助他，一家报纸愿为他组织一次募捐，这的确是个诱惑，因为有了这笔捐款，意味着可以结束折磨人的负债生涯。

然而，作家却拒绝了。几个月之后，随着他一本轰动一时的新书问世，他偿还了所有剩余的债务。这位作家就是马克·吐温。

2. 正直意味着有高度的名誉感

著名的世界建筑大师弗兰克·赖特曾经对美国建筑学院的师生们说："这种名誉感指的是什么呢？那好，什么是一块砖头的名誉感呢？那就是一块实实在在的砖头；什么是一块板材的名誉感呢？那就是一块地地道道的板材；什么是人的名誉感呢？这就是要做一个真正的人。"弗兰克·赖特恰恰如此，他不愧为一个忠实于自己做人标准的人。

3. 正直意味着具有道德感并且遵从自己的良知

马丁·路德在他被判死刑的城市里面对着他的敌人说："去做任何违背良知的事，谈不上安全稳妥，也谈不上谨慎明智。我坚持自己的立场，上帝会帮助我，我不能做其他的选择。"

4. 正直意味着坚持不懈、一心一意地追求自己的目标

正直的人拒绝放弃努力，有坚韧不拔的精神。"我们决不屈从，无论事物的大小巨细，永远不要屈从，唯有屈从于对荣誉和良知的信念。"温斯顿·丘吉尔是这样说，也是这样做的。

5. 正直意味着有勇气并勇于挑战挫折

正直使人具备冒险的勇气和力量，正直的人欢迎生活的挑战，绝不会苟且偷安，畏缩不前。一个正直的人是充满力量的。

6. 正直意味着自觉自愿地服从

从某种意义上说，这是正直的核心，没有谁能迫使你按高标准要求自己，也没有谁能勉强你服从自己的良知。

正直是做人的美德，是立身的基石。正直是心胸坦荡的表现，正是由于没有内心的矛盾，才给了一个人额外的精力和清晰的头脑，使得我们获得成功。

正直还会给一个人带来许多好处：友谊、信任、钦佩和尊重。人类之所以充满希望，其原因之一就在于人们似乎对正直具有一种近于本能的识别能力——而且不可抗拒地被吸引。

一个认真做人的人，一个正直行事的人，不论在什么地方，都会赢得人们的尊重和赞赏，都能取得事业上的成功。

尽责：做时代的中流砥柱

美国总统林肯曾这样说过："我——对全美国人，对基督世界，对历史，而且，最后，对上帝负责。"林肯成就了自己的伟大人生，得到了世人的尊敬与敬仰，应该说这与他的责任感不无关系。

认真做人，就要勇于承担人生的责任。人活在世上，要承担各种责任，对自己、对爱人、对家庭、对朋友、对工作、对国家、对社会，都要认认真真地承担起自己应有的责任。

责任就是对自己要去做的事情有一种爱。因为这种爱，所以责任本身就成了生命意义的一种实现，就能从中获得心灵的满足。相反，一个不爱家庭的人怎么会爱他人和事业？一个持游戏人生的态度、在生活中随波逐流的人，怎么会坚定地负起人生的责任？这样的人往往是把责任看作是强加给他的负担，看作是个人纯粹的付出而索求回报。

一个缺乏认真精神、不知对自己人生负有什么责任的人，甚至无法弄清他在世界上的责任是什么。有一位小姐向托尔斯泰请教，为了尽到对人类的责任，她应该做些什么。托尔斯泰听了非常反感。因此想到：人们为之受苦的巨大灾难就在于没有自己的信念，却偏要做出按照某种信念生活的样子。当然，这样的信念只能是空洞的。

更常见的情况是，许多人对责任的关系确实是完全被动的，他们之所以把一些做法视为自己的责任，不是出于自觉的选择，而是由于习惯、时尚、舆论等原因。譬如说，有的人把偶然却又长期从事的某一职业当作了自己的责任，从不尝试去拥有真正适合自己本性的事业；有的人看见别人发财和挥霍，便觉得自己也有责任拼命挣钱花钱；有的人十分看重别人，尤其是上司对自己的评价，于是谨小慎微地为这种评价而活着。由于他们不曾认真地想过自己的人生究竟是什么，在责任问题上也就是盲目的了。

负责的第一步是对自己、对家庭认真负责任。要直面人生，对自己的人生认真地负起责任来。要倾尽心力，做一个对家庭认真负责的人。如果一个人能对自己、对家庭认真负责，那么，在包括婚姻和家庭在内的一切社会关系上，他对自己的行为都会有一种认真负责的态度。如果一个社会是由这样对自己的人生认真负责的成员组成的，这个社会就必定是高质量的、有效率的。

守信："信"字为先赢天下

中国人历来把"守信"作为为人处世、立言立身、齐家治国的基本品质。言必行，行必果，自古以来，讲信用的人受到人们的欢迎和赞颂，不讲信用的人则受到人们的斥责和唾骂。在人与人的交往中，更是把信用、道义看得非常重要。孔子说："与朋友交而不信乎？"墨子说："志不强者智不达，言不信者行不果。"还有"一诺千金，一言九鼎""一言既出，驷马难追"等都是强调一个"信"字。

守信不仅是一种责任的恪守，更是一种认真的表现、负责的承诺。

讲信誉、守信用是我们对自身的一种约束和要求，也是社会和别人对我们的一种希望和要求。如果一个从业人员不能诚实守信，那么他所代表的社会团体或是经济实体就得不到人们的信任，无法与社会进行经济交往，或是对社会缺乏号召力和响应力。因此，诚实守信不仅是社会公德，而且也是任何一个从业人员应遵守的职业道德。诚实守信作为职业道德，对于一个行业来说，其基本作用是树立良好的信誉，树立起值得他人信赖的行业形象。它体现了社会承认一个行业在以往职业活动中的价值，从而影响到该行业在未来活动中的地位和作用。

《没有信誉就没有一切》的文章中说："一个成熟的社会，一个有力量的社会，不但要考虑每一个人，而且还要为他们建立必要的档案，这个必要的档案并不是黑档案，而是能够向有关方面证实你的可信度的。这样，银行才可以借钱给你，商人才敢与你做生意，别人才能与你合作，公司才好聘用你，当然他也可以分期付款购房购物……只要有证据表明你是一个信誉良好的人，信誉就是你的通行证，你就可以受人尊敬地通行于这个文明社会。如果你不讲信誉呢？只要你敢欠钱不还，或者你敢乘车逃票、撕毁合同、逃税骗税、化公为私、说谎欺骗人，总之，只要你敢有一次不讲信誉，你就会上了没有信誉者的黑名单，你就会失去许多许多的机会，银行当然不可能借钱给你，再没有人愿意跟你合作，邻居都要躲着你，哪家公司都不愿雇佣你，自然也就没有人愿意跟你做朋友，你在这个文明社会就难以立足。"

生活里才华出众的人并不少见，甚至时常会有天才出现。但是，才华和智慧就是让人信赖的资本么？真正值得信赖的是人的品格中的忠诚和守信。这种品质会赢得人们的尊重，守信是一个人美德中的基础，它会通过人的行动体现出来，即正直、诚实的行为。如果人们把他看作一个可信的人，他一定做到了诚信。因此，值得信赖是赢得人类尊重和信任的前提。

戴尔·卡耐基曾经说过："任何人的信用，如果要把它断送了都不需要多长时间。就算你是一个极谨慎的人，仅须偶尔忽略，偶尔因循，那么好的名誉，便可立刻毁损。所以养成小心谨慎的习惯，实在重要极了。"

守信是立身之本，做事之基。凡事应该以信誉为基础，只有具备了信誉这一良好的资本，你才能被人信赖，才能在办事时游刃有余，有更大的发挥空间。

失信于人，大丈夫不为，智者不为。获得众人的信任，铸就自己的信用度，无论你采用何种方式，但笃诚、守信及认真、负责是最根本的成功秘诀。

自律：高标准，高成就

认真意味着时时处处以高标准严格要求自己，自律自励，认真做好每一件事，努力创造更加卓越的人生。

比尔·盖茨创建并壮大了微软王国，被评为世界首富，他的顶级成就，就是源于他的高度自律。

比尔·盖茨只是哈佛大学的一个二年级的肄业生，他不仅没有计算机专业的博士学位，甚至连本科文凭也没有获得。但是，他却成了"计算机革命的点火人，软件的天才"，他是第一个靠观念、智慧、思维致富的人。比尔·盖茨的成功与他超强的自律能力是分不开的。正如他本人所说："我个人以为，既然想要做出一番事业，我们就不能太善待自己，只有自律的人，才能够最后取得事业的成功。"他几乎所有的时间都花在工作和学习上，从不轻易放松自己。在中学的时候，他就靠自学，靠自己的钻研，掌握了高深的计算机技术。

比尔·盖茨的成功，再一次验证了西方的那句谚语：成功需要1分天才加上99分血汗。

比尔·盖茨是科学研究者，也是企业家，令人欣赏的是两个角色他都扮演得极其成功。

比尔·盖茨出生于华盛顿州西雅图市，自小家境富裕，他的父亲威廉·盖茨是一位杰出的律师，母亲是华盛顿大学评议员及第一洲际银行董事。为了让孩子接受良好的教育，父母将盖茨送进管教严格的西雅图湖滨私立中学就读。也就是在这里，盖茨接触到了他一生最重要的两样东西——自律的品质与电脑。

自中学8年级起，盖茨便从来没有闲暇时间，经常坐在电脑桌前不知黑夜白天地从事电脑程序设计，经常连续工作十多个小时，然后吃一个汉堡，也不确定是中餐或晚餐，再趴在桌上睡几个小时。他甚至可以免费为别人设计软件，只为了有使用电脑的机会。

1975年的冬天，盖茨从MITS的Altair机器得到了灵感，看到了商机和未来电脑的发展方向，于是就给MITS创办人罗伯茨打电话，说可以为Altair提供一套BASIC编译器。罗伯茨当时说："我每天都收到很多来信和电话，我告诉他们，不论是谁，先写完程序的可以得到这份工作。"于是盖茨和他的同伴保罗回到哈佛，从1月到3月，整整8个星期，他们一直待在盖茨的寝室里，没日没夜地编写、调试程序，他们几乎都不记得寝室的灯几时关过。最后，他们终于成功了，两个月通宵达旦的心血和智慧产生了世界上第一个BASIC编译器，MITS对此也非常满意。两个年轻人，当别人正在花前月下的享受生活的时候，他们却为了自己的梦想,不得不用自己高度的自律精神,把自己全部的精力投入到事业中去。

一直到后来正式创立微软公司,盖茨也才19岁。公司刚起步的时候,冲劲十足、精力充沛的盖茨和保罗根本就不知道什么是疲倦和劳累。他们在一间灰尘弥漫的汽车旅馆中租用了一间办公室,开始了艰苦的创业旅程。他们挤在那个杂乱无章、噪音纷扰的小空间中,没日没夜地写程序,饿了就吃个比萨饼充饥,实在累得受不了了就出去看场电影或开车兜兜风解困。

盖茨一直是一个以工作狂而著称的人物,即使到了39岁结婚的时候,他还经常加班工作到晚上10点以后,对于以前任何一个亿万富翁来说,这都是不可思议的事。尽管微软公司一向以员工习惯性加班拼命工作而闻名,但那些工作得眼冒金星的员工还是心悦诚服地说,他们之中几乎没有谁能比盖茨更能这样严格地对待自己。

他每周工作差不多60个小时。虽然他每年能够休两周的假,但他还是会利用这个时间来看看软件,以便能够跟上现在迅速变化的形势。比尔·盖茨曾说过:"我热爱我的工作,所以我也喜欢长时间的工作。"

他的人生哲学是:我要赢,赢就是我的哲学,赢的本身就是目的。他的目标是:向前,向前,充满活力;他的风格是:永远先人一步;他的胆识是:向万有引力挑战。这些是他取得成功的重要原因。而这些所有的要素,全都靠严格的自律支撑着。

其实,在通往微软帝国辉煌的道路上,盖茨经历过无数次极端痛苦和无奈的选择,每当他的价值观与事实发生冲突的时候,他的自律精神就会立即发挥作用,帮助他维护好自己的事业。

比尔·盖茨证明了认真自律所具有的强大力量。没有任何人可以在缺少它的情况下获得并维持住成功。甚至可以这么说,无论一个人有多么过人的天赋,如果他不懂得自律,就绝不可能把自己的潜能发挥到极致。自律能促使人步步攀向高峰,也是个人能力得以卓有成效地维持的关键所在。

自控：成熟练达的赢家心态

一个真正意义上的认真负责的人，是必须具有自我控制的能力的。

自我控制帮人类控制本能的冲动。物质生活和道德生活也是靠着自我控制区分开来。品格的主要基础也是这种自我控制能力。郝伯特·斯宾塞说："那些有理想的人类追求的伟大目标就是——严格的自我控制。他们不会受到欲望的左右，也不会被冲动掌控。他们会在深思熟虑后做出行动。道德教育的最终目的就是这样。"

心浮气躁、感情用事者不仅会远离成功，还会因为自己的不成熟给别人带去伤害、给自己招来祸端。能否理智地驾驭自己的情感，是一个人是否心智成熟、是否对自己对他对人生认真负责的重要标志。

心理学家和健康专家认为，一个认真负责、心智成熟的人，有如下几点重要特质：

（1）对现实的正确认识。看问题能持客观的态度。

（2）自知、自尊与自我接纳，能现实地评价自己。不过分地显示自己也不刻意地取悦别人，既接纳自己的优点也接纳自己的缺点。一个人如果连自己都不喜欢，又怎样谈得上喜欢别人。

（3）自我调控的能力。能调节自己的行为，既能克制自己的冲动，又能调动自己的身心力量，在实践中实现更高目标。

（4）与他人建立亲密关系的能力。关心他人，善于合作，不为了满足自己的需要而苛求于人，这种人有知心的朋友，有亲密的家。而心理不健康的人，人际关系紧张，处处利用他人，以达到自己的目的。

（5）人格结构的稳定与协调。这种稳定与协调包括对理想与现实差距的调适，以及认知与情感的协调。

（6）生活热情与工作效率。人人都会有苦恼，但心理健康的人能从生活与工作中寻得快乐。

生活中情绪稳定，自控力良好的人，往往表现出坚毅、勇于面对现实的活力。他们神采焕然，认真勤奋，专注负责，勇于开拓。他们敢及时把握机会作改变，而不优柔寡断，所以能把握时运。他们不逃避现实，所以，好运气更容易降临在他们身上。这样的人就是处于内驱力适中的状态。相反，内驱力过高或过低的人，情绪掌控能力比较差，也更容易遭遇到失败。

做一个认真负责的人，就必须要做到在任何时候保持平静的情绪，不迁怒于周围的环境和他人，平和冷静、脚踏实地行事，这也是一个人成熟的标志。

务实：脚踏实地，成功落地

俗话说："欲速则不达。"做人做事需要认真务实，步步为营。凡是成大事者，都力戒"浮躁"二字。只有踏踏实实行动才可能开创成功的人生局面。急躁会使你失去清醒的头脑，在你奋斗的过程中，浮躁占据着你的思维，使你不能正确制定方针、策略而稳步前进。所以，任何一位试图成大事的人都要扼制住浮躁的心态，只有专心做事，才能达到自己的目标。

现在有许多年轻人根本不屑于认真踏实地做事情，做那些基础的事情在他们眼里，甚至是一种无能的表现。这些不屑于做基础之事的年轻人认为，自己是一个才华满腹的人，怎么能做这种没有什么技术要求或者文化要求的基础事情呢？殊不知，就是这样的认知，才使得他们最终走上了默默无闻的道路。

"不积跬步，无以至千里；不积小流，无以成江海。"罗马城不是一天就能建成的。任何事情，都必须从基础做起。只有懂得每天认真做事情的人，才会每天进步一点点，这样一点点的积累，最终才能走向成功。希望绕过这些积累的过程，直接到达成功的人，则将永远只是一个庸人。

作家秦牧在《画蛋·练功》文中讲道："必须打好基础，才能建造房子，这道理很浅显。但好高骛远，贪抄捷径的心理，却常常妨碍人们去认识这最普通的道理。"从处世谋略上讲，"是技皆可成名天下，唯无技之人最苦；片技即足自立天下，唯多会之人最劳。"若什么都只是浅尝辄止，不肯钻研却又想马上取得成效，是不可能的。好高骛远者并非一定是庸才，他们中有许多人自身有着不错的条件，若能结合自己的实际，制订切实可行的行动目标，是会有光明前途的。如果一味追求过高过远的目标，就会成为高远目标的牺牲品。

要想做好任何事情，必须认认真真、脚踏实地地练好。基本功是做大事的基础。纵观如今的成功人士，哪个不是踏实认真，从基本功做起的？且不说从基础工作做起的公司老总们，就算只是个小小的公司职员，也都是因为掌握了公司所需要的基本能力，才被聘用。试问，有哪一家企业的老板喜欢用那些没有认真练习过基本功的人？没有进行过基本功练习的人，就犹如墙上芦苇，头重脚轻根底浅；山间竹笋，嘴尖皮厚腹中空。

基本功，是大厦之本，是成功之本。因此，只有拥有了坚实的基本功，才会使得万丈高楼平地起。只有脚踏实地的做事，才能打牢事业大厦的地基。认真苦练基本功，勤奋、努力、坚守、精进，总有守得云开见日月的时候。

行动：迈出从 0 到 1 的第一步

播下一个行动，你将收获一个习惯；播下一个习惯，你将收获一种性格；播下一种性格，你将收获一种命运。

假如你有一个电话应该去打，但由于拖延的习惯，你没有打这个电话。当自我激励警句"立即行动"进入你的有意识心理时，你就会立即去打这个电话。

又假定你把闹钟定在上午 6 点。然而，当闹钟响起时，你睡意仍浓，于是起身关掉闹钟，又回到床上去睡。久之，你会养成早晨不按时起床的习惯……

建功立业的秘诀就是"立即行动"！

做个主动的人。要勇于实践，做个真正在做事的人，不要做个不做事的人。

不要等到万事俱备以后才去做，永远没有绝对完美的事。预期将来一定有困难，一旦发生，就立刻解决。

创意本身不能带来成功，只有付诸实施时创意才有价值。

用行动来克服恐惧，同时增强你的自信。怕什么就去做什么，你的恐惧自然会立刻消失。你试试看就明白了。

自己推动你的精神，不要坐等精神来推动你去做事。主动一点，自然会精神百倍。

时时想到"现在""明天""下礼拜""将来"之类的句子跟"永远不可能做到"意义相同，要变成"我现在就去做"。

立刻开始工作，不要把时间浪费在无谓的准备工作上，要立刻开始行动才好。

态度要主动积极，做一个改革者。要自告奋勇去改善现状。要主动承担义务工作，向大家证明你有成功的能力与雄心。

有了目标，没有行动，一切都会与原来的目标背道而驰。有了积极的人生态度，没有立即的行动，一切都极有可能转向积极的反面。所以说，行动是一切成功的创造者。知而行，行而知，不断探索才是人生的真谛。投入生活，快乐地工作，愉快地休闲，你将得到丰厚的回报，善待生命，生命将给你带来惊喜。

专注：化繁为简的认真力量

人生成功的基本原则，在于认真、认真、再认真，聚焦、聚焦、再聚焦，专注、专注、再专注。如同打井，你打十口但没打出水，而我只打一口深井，不仅打出水，而且是甜水。做事也是这个道理，贵在聚焦专一。不怕事情难，就怕心不专。一个人要干一番事业，没有一种聚焦专注的精神是不行的。

巴甫洛夫是俄国著名的生物学家。他认为，一个人要想在科学领域取得成就，必须牺牲生活享受，研究必须痴迷、专一、认真。

巴甫洛夫的妻子叫西玛，谈恋爱时，巴甫洛夫经常心不在焉。有一次约会，一见面巴甫洛夫叫西玛把手给他，西玛以为要吻她的手，就把手放在他的唇边，巴甫洛夫按住她的手，停了一会儿说："你的心跳很正常。"说完就匆匆跑向实验室。当时，巴甫洛夫正在研究一个狗心跳的实验。西玛看着巴甫洛夫的背影伤心地哭了。巴甫洛夫结婚时也忘了时间，最后从实验室里才找到了他。

1904年，由于巴甫洛夫在研究消化生物学方面的突出贡献，他获得了诺贝尔生物学和医学奖。巴甫洛夫自己承认:"我一生献给了实验室。"

心无旁骛、认真专注才能做好事,大凡取得成功的人,不仅养成了专注工作的风格,而且还把专注工作看成是自己的使命。

人生中最强大的力量来自于一个人坚定不移地专注于一件事情时的信念。在工作中,我们要想取得成绩,就应该专注于当前正在处理的事情。如果注意力分散,头脑不是在考虑当前的事情,而是想着其他事情的话,工作效率就会大打折扣。即使事情再多,也要一件一件的进行,做完一件事情就了结一件事情。那么,如何培养专注的做事精神呢?

1. 做事要分清轻重缓急

专注的另一层意思,则是要求我们在行动的过程中,要分清任务的轻重缓急。根据20/80原则,成功人士都是以分清主次的办法来统筹时间的,把20%的时间用在最有效率的80%上。面对每天大大小小、纷繁复杂的事情,要分清主次,把时间用在最有效率的地方。

2. 与瞎忙说拜拜

现在大家见面的第一句话往往是:"最近怎么样啊?忙不忙?"很多时候回答是这样的:"呵呵,忙啊,就是瞎忙。"是的,大家看起来的确都挺忙的,看看每天早上地铁站人们匆忙的脚步就知道一二了,这是一个高节奏的社会,人人都在为自己的目标或者生存而奔波劳碌。但是,忙要忙到点子上,要忙得有效率,那种没有方向、没有重心的瞎忙是要坚决杜绝的。

坚毅：一坚持，你就赢了

认真，体现了一种不达目的决不罢休的决心，一种勇往直前、永不向命运屈服的坚韧毅力。

在我们做事的过程中，一定会遇到许多艰难、困苦、挫折。你不打败它们，它们就会打败你。挫折可被视为障碍、阻挡、压制，与顺利相对立而存在；在事物发展的结局里，挫折可被视为失败，与成功相对立而存在。生活的多姿多彩，原是潇洒与无奈共存，失望与希望相随。诸如环境、背景、大气候、小气候等条件，无时无刻不在制约着你的行为，压抑着你的欲望，从而注定了成功需要奋斗。奋斗者的成功之路充满着希望与辉煌。成功如果都如人所愿，绝不出现任何的挫折和意外，这个世界也就变成了一个极其无聊的场所，人类的所有活动、所有劳作也将变得毫无意义，人群之中也就没有成功、失败之分。

成功有三步曲：第一，敏锐的目光；第二，果敢的行动；第三，持续的毅力。用你敏锐的目光去发现机遇，用你果敢的行动去抓住机遇；用你持续的毅力把机遇变成真正的成功。持续的毅力就是你顽强的意志力。

磨炼自己的意志与办一件重大的事情一样，需要长时间的实践和积累。如果你还不具备坚强的意志，那么从现在开始，认真照下面这些方法去做，将使你的恒心、毅力大有改观。

（1）试着迟睡半小时或者早起半小时，天天如此。

（2）无论干什么事，都不要想着很快结束，即使别人已丢下工作去看球赛或者上网聊天，你也要最后一个离开办公室。

（3）当你急躁或者愤怒的时候，若无其事地坐下来，闭上眼睛做深呼吸，权当什么事情都没有发生。

（4）只做自己认定的事，不怕别人的议论和嘲笑，不为潮流所动，不信自己干不出名堂。

（5）在办一件事之前，不要想着一下子就能成功，要有重新开始的思想准备，失败了再来一次。

（6）要有在逆境中坚持奋斗的勇气，明知山有虎，偏向虎山行。

成功，是幸福与苦难、荣耀与挫折、选择与放弃的多味品，酸甜苦辣咸尽在其中。我们应高唱生命的凯歌勇敢向前迈进。

克终：人生因善始善终而精彩

做事认真，就要善始善终，有好开头，更要有好结尾。善始善终，终将成就一片辉煌。

宋江是位忙碌的经理人，有时也摇摇笔杆。他满脑子都是好点子，且有一种让人对他的点子感兴趣的能力。宋江是个人人称羡的家伙，每个人都觉得他真是很有能力的人。

但是，几年之间，宋江的生活好像陷入了一套行为模式——应许太多事情，却又无法贯彻始终，完成工作。他会答应看员工的报告，并且回答他们的问题；他总是说："我会开始看，这个礼拜前一定完成，然后再送还给你。"但他却很少做到。同样的，他也会答应那些投资人在期限内完成预定计划及目标，但也很少做到。还有，他会答应编辑们写好他们委托的文章，但也没有如期交稿。他的书桌被淹没在一大堆未完成的文件里，还有无数的电话要回，这些都是他欠下的人情。

宋江变得好消沉，他开始不知道自己要做什么了。他失去了员工及顾客的尊敬；他的副业写作，也同样出了问题；最糟的是，他已经失去了对工作的热忱。他原本是喜欢创造，但他发现自己无法做到这些，因为他无法保持有始有终。

有一天，宋江突然"顿悟"，他决定将一些松动的环节上紧，发誓在旧计划未完成前绝不再接任何新任务。对他来说，这真是件难事，但他了解要继续生存就得如此。他找了一些可以信任的员工及同事，告诉他们："对我严厉一点，帮助我上轨道。"重要的是，宋江现在专心致志地"完成"工作，他的投入与小组的帮忙让他得以解决难题。他再也不会虎头蛇尾了，事情都能处理得井井有条。

要克服有始无终的坏习惯，必须要让自己专注于手头上的事情，即使还有很多事情在等着你，也要把当前的事情处理完后再去进行下一件，不要插手多件事，如果每件事都不能完全投入，这样的后果就是什么事都不能做好。

开始是重要的，因为好的开始是成功的一半。但结尾更为重要。如果在事情将要完成之时犯一点小错误就会导致前功尽弃。所以，请像重视开始一样认认真真地重视结尾吧！

第三章

工匠精神，
向高段位人生精进

认真学习，怀揣终身护照

在工作和生活中，我们只有不断地学习才能保证自己优秀的能力。任何一个人，即使在某一方面的造诣很深，也不能够说他已经彻底精通、彻底研究全了。"生命有限，知识无穷"，任何一门学问都是无穷无尽的海洋，都是无边无际的天空……谁也不能够认为自己已经达到了最高境界而停步不前、趾高气扬。如果是那样的话，则必将很快被同行赶上，很快被后人超过，自己优秀的地位也会逐渐丧失。

皮特詹姆斯现在是美国 ABC 晚间新闻的当红主播。在此之前，他曾一度毅然辞去人人艳羡的主播职位，到新闻的第一线去磨炼自己。他做过普通的记者，担任过美国电视网驻中东的特派员，后来又成为欧洲地区的特派员。经过这些历练后，他重新回到 ABC 主播台的位置。

而今天的他，已由一个初出茅庐的略微有点生涩的小伙子成长为成熟稳健又广受欢迎的主播兼记者。

皮特詹姆斯最让人钦佩的地方在于，当他已经是同行中的优秀者时，他没有自满，而是选择了继续学习，使自己的事业再攀高峰。

一个认真追求梦想、严格要求自己的人，无论自己处于职业生涯的哪个阶段都会把不断学习当成自己的一项重要习惯。因为他们清楚自己的知识对于所服务的机构而言是很有价值的。正因为如此，他们必须好好自我监督，不能让自己的技能落在时代后头。

因此，当你的工作进展顺利的时候，要加倍地认真努力学习；当工作进展得不顺利，不能达到工作岗位的要求时，你更要加紧自己学习的进度。在瞬息万变的现代社会里，"学习"是让我们能够为自己开创一番天地的利器。只有认真努力地学习，超越以往的表现，才能真正走向成功。

不断学习的人才会保持自己头脑的灵活，才能保证自己的思想向前不断地跨越。所以，如果你想事业有成，如果你想使自己的人生富有意义，那么就从现在开始，将终身学习作为你一生的护照吧！

刻意练习，历练一技之长

无论你现在从事什么样的职业，只要你认真地钻研业务，对自己从事的行业有所专长，精通精髓，那么你肯定就是此行业的一代宗师了。

《庄子》一书中，有两个技艺超群的人。一个是厨房伙计，一个是匠人，厨房伙计即那位宰牛的庖丁，匠人即那位楚国郢人的朋友，叫匠石（不一定就是石匠），两人共同之处，就是技艺超群，简直到了出神入化的境界。

先看庖丁，他为梁惠王宰杀一头牛。他动刀似有神助，"唰唰唰"几下，一个庞然大物，便肉是肉，骨是骨，皮是皮地解剖得清清爽爽。他解牛时，手触、肩依、脚踏、进刀，就像是和着音乐的节拍在表演。更奇的是，庖丁的刀已用了19年，所宰的牛已经几千头，而那刀仍像刚在磨石上磨过一样锋利。只见他提刀而立，悠然自得，又仔细地把刀擦净，收好。那神气，就如同优雅的西班牙斗牛士。

再看匠石，也许是木匠，也许是石匠，也许是木石活儿都做。

他的技艺也十分了得。郢人把白灰抹在鼻尖上，让匠人削掉。那白灰薄如蝉翼，匠人挥斧生风，削灰而不伤郢人的鼻子。

古人讲，凡是掌握了一门技艺，无论是做什么的，都可以成名。只要有一技之长，就可以自立。的确如此。过去老人总对年轻人说："纵有家产万贯，不如薄技在身。"这是最平凡最实在的真理。一个残疾青年，学会电脑打字，便办起了小打字社，交活儿及时，质量又高，连一些著名作家也慕名而来，让他打文稿。几个下岗大嫂，都是做饭行家，一核计，总不能老靠一点儿救济金度日，于是办起了"嫂子饺子馆"，卖的饺子薄皮大馅，服务热情，很快就兴隆起来。和他们相比，无技之人的确最苦。别说扬名，自立都很困难。现在的社会竞争激烈，没有真本领，很难在世上立足。

有些人瞧不起技艺，总想做大事。做大事是可以的，比如当总经理、从政做官、做科学家、理论家，等等。但一是要真有那份才能，也要有机遇；二是就是做大事，也常常离不开技艺作支撑。这个基础，包括锻炼你的实践能力，包括锻炼你的意志，包括对基层实际的体察。有时一技在身，也能助你成就大事。

要想在未来有一番作为，现在就要认真学习本领、潜心修炼技能，锤炼自己的一技之长。有一技在身，就有了安身吃饭的本钱，如果技艺精湛，就会更有作为。

天天向上，每天进步一点点

如果一个人能够每天比昨天都进步一点点，把所有精力都投入到自己的强项上，让自己比昨天做得更多更好，结果会怎样？必然会有所建树！

渥沦·哈特葛伦博士是一位博学多才的老人，他以前是淘沙一所大教堂的牧师，后来退休了。他曾经问过一位年轻人是否了解南非树蛙，年轻人坦白地说：不知道。

博士诚恳地说："如果你想知道，你可以每天花五分钟的时间阅读相关资料，这样，5年内你就会成为最懂南非树蛙的人，你会成为这一领域中最具权威的人。"

年轻人当时未置可否，但他后来却常常想起博士的这番话，觉得这番话真的道出了许多人生哲理。

我们大多数人都不愿意每天投资5分钟的时间（与5个钟头的时间相比实在是少之又少）努力成为自己理想中的人。

伍迪·艾伦说过，生活中90%的时间只是在混日子。大多数人的生活层次只停留在：为吃饭而吃、为搭公车而搭、为工作而工作、为了回家而回家。他们从一个地方逛到另一个地方，事情做完一件又一件，好像做了很多事，但却很少有时间从事自己真正想完成的目标。就这样，一直到老死。我猜想很多人临到退休时，才发现自己虚度了大半生，剩余的日子又在病痛中一点一点地流逝。

成大事者与不成大事者之间的距离，并不如大多数人想象的是一道巨大的鸿沟。成大事者与不成大事者只差别在一些小小的动作：每天花 5 分钟阅读，多学习一点知识，多努力一点，在工作上多费一点心思，多做一些研究，或在实验室中多试验一次。

在实践理想时，你必须与自己做比较，看看今天有没有比昨天更进步——即使只有一点点。

从现在开始，认真地努力，持续地精进。成功需要你——

只要再多一点能力。

只要再多敏捷一点。

只要再多准备一点。

只要再多注意一点。

只要再多培养一点精力。

只要再多一点创造力。

强化内存，做高段位的竞争者

在这个变化纷繁的时代，只有不断认真学习，不断增加自我内存，才能在竞争中提升综合素质和增强自我免疫力，并立于不败之地。

有一位企业家这样说过：当你比别人强一点点时，别人会嫉妒你；当你比别人强一截时，别人就会羡慕你；当你比别人强一大段时，别人就会向你看齐，好比微软这样一流的企业一样，每一项举措后来都被奉为业界的标准。这充分说明，如果你想拥有核心竞争力，就要超出别人很多，或者，你能够持续比别人强一点点。

那么，如何持续保持优势，从而提升自己的分量，加强自己的核心竞争力呢？

首先，必须养成一个良好的认真做人、认真做事和认真生活的风格。

经研究表明：当某件事有效重复21次时，就会成为习惯，

210次有效重复就会成为专业，2 100次有效重复就会成为专家。因为，专家才能为别人解决问题，才会在同行竞争中，凸显差异化，才能拔得头筹。而这些与良好风格的养成密不可分，毕竟技能在一定程度上，可以速成，但风格习性却需要长期细节的积累和孕育。纵观古今中外成功人士，无不有着良好的行为风格。

其次，必须认真注重品德素养的自我修炼。

如果说有了好的风格习性就是成功的开始，那么个人品质的优劣，就决定了他是否能出人头地，是否能为社会创造价值，决定了他的人生是否有意义。倘若一个人技能很强，但是品德很差，也许他对社会的破坏力远远大于对社会的贡献。所以应该不断地认真审视自我，加强自我行为的约束。该做什么，不该做什么，都要清清楚楚。唯有如此，才能不断实现自我超越。实际上，只有那些具备"专业＋职业＋敬业＋品质"的人，才能在社会这个竞技场上胜出，而其中的品德修养更是具有决定意义的关键因素。

再次，必须不断充实自我，加强学习。

想要具有真正的价值，就要持续不断地自我学习，学习各种有用的知识，扩展自己的知识结构，提高自己的知识含金量，始终注意提升自己的分量，让自己比别人高，比别人强，这样你才能拥有不可替代的核心竞争力，成为各方面都出色的高段位的人。

匠人匠心，升级高段位的专家

一个人只有成为行业中技能精湛、能力超群的高段位的的专家，才能在工作中起到不可或缺的作用。

那么怎样才能在本行中成为高段位的专家呢？

首先，你应该选定最适合你的，最能将你的优势表露无遗的行业——你可以根据自己所学的专业来进行选择。

当然，在很多情况下，你也许没有机会"学以致用"，但这并不妨碍你成为你所从事的行业中的佼佼者。所以，与其根据学业来选，不如根据兴趣来定。但是，必须注意的一点是，一旦选定了一个行业，最好不要轻易转行，因为这样会让你中断职业，空耗时间和精力。每一行都有苦和乐，因此你不必想得太多，关键是要把精力放在你的工作之上，认真地将工作得扎实到位。

其次，行业选定后，接下来你应该广泛摄取、拼命吸收行业中的各种知识。

你可以向你的同事、主管、前辈请教，要把最初的工作经历当做一种再学习的机会。你还可以搜集各种报纸、杂志的信息，从多种媒体渠道获得你需要的知识。如果你的时间允许，参加专业进修班、讲座、研讨会等都是不错的选择。也就是说，你应该打定主意，一门心思、认认真真地在你所从事的这一行业中谋求全方位、深层次的发展，而不是得过且过地混日子。

你可以把自己的学习分成几个阶段，并限定在一定的时间内完成一定量知识的学习。这是一种压迫式的学习方法，可以逼迫自己向前进步，也可以改变自己的习性，训练自己的意志。当然，你不必急于"功成名就"，但一段时间之后，假若你学有所成，你便可以开始展示自己学习的成果，并在自己的工作中表现出来，从而引起他人的注意。当你成为专家后，你的身份必会水涨船高，也用不着你去自抬身价，这便是你"赚大钱"的基本条件。因为你不一定能当老板，但有了"专家"的身份，人人都会看重你，你在行业的地位是不可动摇的。

不过，成为"专家"之后，你还必须注意时代发展的潮流，并不断提高自我，不要像其他人一样原地踏步，否则你早晚会被他人取代。只有那些永不自满、永远追求信息与知识的人，才能被充实和装备起来，才能达到光辉的顶点。

持续升值,向价值型员工进化

职场之中的许多人可能都有这样的心理:"老板不重视我,我的能力没有发挥的余地。"其实,不是老板不重视你,而是你的能力和经验还没有提升到相应的档次。要升职,先升值,正视自己的优劣,改正自己的不足,努力提升自己的能力,认认真真、踏踏实实地工作才能取得事业上的成功。

在如今这个竞争激烈的年代,如果不主动升值就意味着不断贬值,那么等待你的不仅不是升职,反而是被淘汰的命运。

李凡初进柯达公司的时候只是一名普通的业务员,后来一步一个脚印,由业务员成长为公司的市场部经理,随后又成为公司的市场总监。李凡究竟是如何一步一步成长起来的呢?让我们看看他由市场部经理成长为市场总监的过程。

成为公司的市场部经理后,李凡很快就对自己的工作有了一个正确定位:在公司的营销过程中,市场部经理的位置十分重要,一个优秀的市场部经理,在很大程度上能够协助市场总监完成营销战略任务。

后来,李凡又认真研究了大多数公司对市场部经理的更高要求,他觉得自己应该在目前的能力基础上进一步学习,以提升自己的工作能力。

首先,他从掌握各项营销政策入手进行学习,因为他过去从事的是广告策划工作,对营销政策知之甚少。接着,他又开始不断强化自己的执行力,因为他发现自己对于公司营销推广的整个过程的监控实施力度很小。另外,李凡认识到自己的市场应变能力很差,缺乏市场销售过程的锻炼和市场销售经验,这是他在工作中最大的软肋。

有了这些深刻而全面的认识之后,李凡开始逐步提升自己的业务素质。他首先对自身这些不足进行弥补,先让自己成为一名优秀、称职的市场部经理。后来他又用了三年的时间亲自参与营销实践。与此同时,李凡学习了丰富的组织管理知识、全面的法律知识和财会知识,因为这些知识在工作的时候很有用处。当然,培养对团队的掌控能力也是李凡学习的一个重要方面,如果控制不了下属团队,那么一切都是空谈。

通过几年的认真学习和实践锻炼,李凡如愿以偿地成了公司的市场总监,他为公司的市场营销工作作出了突出的成绩。担任公司市场总监后,李凡仍然不断充实自己。现在,李凡已经成了公司中不断成长的楷模,董事长总是让其他员工向善于成长的他学习。

工作中每一步台阶都需要相应的知识储备与能力相匹配,选择了一个行业，进入一家公司工作后，如果要升职，就要以精进的心态不断地学习和锻炼，让自己的能力升值，给老板一个提升你的理由，这样你才能拥有自己想要的东西。

"先升值，再升职"，是职场人士的生存之道，也是施展自己才能，发挥最大价值的途径。

搭建天梯，与成功者为伍

心理学研究表明，环境可以让一个人产生特定的思维习惯，甚至是行为习惯。环境能够改变我们的思维与行为，直接影响我们的工作效能与生活。和成功人士在一起，有助于我们在身边形成一种"成功"的氛围。

在这种氛围中，我们可以向身边的成功人士学习正确的思维方法，感受他们的用心，了解并掌握他们处理问题的方法。

有这样一个故事，从中我们可以知道和成功人士在一起有多么重要。

"为什么你能成为千万富翁，而我只能成为百万富翁，难道我还不够努力吗？"一位百万富翁向一位千万富翁请教道。

"你平时和什么人在一起？"

"和我在一起的全都是百万富翁，他们都很有钱、很有素质……"那位百万富翁自豪地回答。

"呵呵，我平时都是和千万富翁在一起的，这就是我能成为千万富翁而你只能成为百万富翁的原因。"那位千万富翁轻松地回答。

由此我们可以看出，造成百万和千万富翁差距的是他们所处的环境不同，也就是说交往的朋友不一样。有时决定一个人身份和地位的并不完全是他的才能和价值，而是他与什么样的人在一起。

一个人要想取得成功，就必须结交一些成功人士，为自己日后的成功铺路。

洛克菲勒对儿子说："一个人要成功，当然需要不断地行动与积累经验，然而得到经验最快的方法，就是向一些成功者询问，请他们给你一些建议，请他们告诉你，你做对了什么事情，做错了什么事情，或让他们用他们的智慧指导你，这样比你看任何书籍都要有效。"

和成功的人在一起不但能学习他们成功的思维和模式，还可以得到他们的帮助，让我们在成功的路上越走越远。

和成功的人在一起，你可以快速获得成功。这是激发自己的进取心、跻身精英阶层的一大精进之道。

不逼一把,不知道自己多优秀

很多人只知道抱怨现实,遇到不公平的事情时就发一通牢骚和脾气,却从来不想去努力提升自己,结果事情变得越来越糟糕。

销售经理拿着一叠表格,让所有新人去小区做市场调查,请求一个个路人为他们填表。

行色匆匆的路人,谁愿意做这样没有好处的事。出师不利,新人们便嘟着嘴说:"别人搞这个都送餐巾纸什么的,我们为什么没有赠品?"

销售经理立马亲自上阵,一个个拉着人家来填表,然后开始教训新人,逼着他们学着一样做,不做的人就可以走了。销售经理告诉大家:"其实生活,没有那么安逸,你不努力就不可能得到收获。而且这样一件事做起来并没有你们想得那么难,你们只是还缺了一点决心,只要你们逼自己一下,你们也一样能做到。做到以后,你们才会发现,你不努力,永远不知道,原来你可以如此优秀!"

很快，第一天过后，原本的三十多位新人，第二天只来了十一个，销售经理很淡定地继续带着所有人喊口号——不逼一把，你不知道自己有多优秀！

然后销售经理告诉大家："生活有的时候就是这样，你不逼自己努力一下，你永远不知道自己有多大的能力没有发挥，你不努力，你永远不知道自己有多优秀。你不够优秀，你的人生就永远有解决不完的难题。一个人如果自己都不相信自己靠努力可以成功，那么他是绝对不会成功的。有的人抱怨自己没有好的学历，所以只能来做销售。可是他没发现，很多拿着高薪的尖端销售人才都没有高学历。你们一边抱怨自己在一种负面而又没有希望的生活里，可是却又不愿意为自己的生活去努力，那么，你还期待别人对你能抱什么样的期盼呢！"

十一个新人最终只有七个人坚持完成了最后的培训，而只有三个人坚持到了转正期。

留下的三个人，最终一位升职成为经理，拿着不少于三万的月薪。一位也在原公司努力着虽然没有提升经理却也是元老级人物，有着非常不错的业绩，一个月薪水均衡下来也在近两万左右。还有一位，去了一家世界五百强公司担任销售经理，因为他的销售能力很强，是被猎头公司高薪挖墙脚过去，刚到公司便享受了公司配车的福利。

而离开的这些人中，其中大部分还混迹在普通业务员的岗位上，拿着一个月微薄的薪水。

如果有人要问：为什么当初都在一个起点上，可是最后收获的人生却有这么大的不同，是因为智商嘛？有资料表明：大部分人的智商是相同的，都在 90 至 115 之间。很显然不是。是因为努力不够，也没有认真地去付出。

所以说，你如果想不满足现状，就请停止抱怨，停止发脾气，去认真努力做自己该做的事情，一定会有时来运转的时候。遇到困难时多想想，别人能做到的，为什么我们不能呢？所以加油吧，没有经过认认真真的努力，你永远不知道自己有多优秀！

进取精进，成为更厉害的人

NBA传奇人物迈克尔·乔丹总结自己的一生时曾说："从'不错'迈入'杰出'的境界，关键在于自己的心态。"这位历史上最伟大的篮球运动员结合自己奋斗历程，只用一句话便表明了人生成功的最大秘诀。

在工作和生活中，你可以使自己变得很优秀，也可以使自己过得很平庸，这一切并不完全取决于别人或者环境对你的需求，关键在于你是否拥有一颗进取的心。

在企业中，对工作负责的员工或许是可以称得上是一个称职的员工，但绝对不是一个优秀的员工。满足现状意味着退步，不断进取才能抵达成功。

一个人如果从来不为更高的目标做准备的话，那么他永远都不会超越自己，只能永远停留在自己原来的水平上，被不断进步的社会和不断更新的工作淘汰。因此，如果你想在工作中出类拔萃，就必须要有进取心，就不能安于平庸。

因此，不管你在什么行业，不管你有什么样的技能，也不管你目前的薪水多丰厚、职位多高，你仍然应该告诉自己："要时刻拥有进取心，追寻更高目标。"追寻更高目标，便意味着更高程度的自我价值实现，这种强烈的自我提升欲望促成了许多人的成功。

杰出人物从不满足现有的目标状况。随着他们的进步，他们的标准会越定越高；随着他们眼界的开阔，他们的进取心会逐渐增长。

对于比尔·盖茨来说，如果说他仅仅希望开一个小公司赚点钱，那么他20岁时就已经实现了这个目标；如果说成为世界上最有钱的人是他的最高理想的话，早在32岁的时候他就已经实现了这一目标。如果他没有不断超越自我的志向，他在年轻的时候就可以醉心于自己的伟大成就而举步不前了。

凡是事业有成的人皆是如此，他们会以毕生的精力去追求更高的目标，不断追求新的技能以及优势的开发。即使偶有突发事件，他们也不会改变自己的目标。

不断追求更高的自我定位，从根本上说，是为了自身不断的进步。不断进取的过程更是重塑自我的过程。这好比跳高运动员，不断进取就是要把有待跃过的横杆升高一格或几格，力争做到更好——很可能，这"更好"并非巨大的超越，而仅仅是超出那么一英寸左右。但每当运动员们尝试跳得更高一点儿时，他们实际上就是要重新塑造自我。他们必须重新思考自我的含义。然后，他们要设定新的目标——不是基于过去的纪录，而是基于重新思考后对自我的全新认识。这个新的自我所处的位置更高，必将会有更杰出的工作表现。

试着为自己设立更高的目标吧！在完成一天的工作之后，你有没有想过："我应该能够做得更出色一点，或者更勤奋一点儿？"你完成工作的质量是否比以前高，速度是否比以前快，你的工作习惯、态度、解决事情的方法与以前相比是否更好？

突破平庸，跃迁为少数的领先人

在一次关于市场经济问题的学术报告会上，一位专家提出这样一个观点：人之初，性本惰。也就是说，人具有的一种惰性很难改变。这种惰性常常使人不思进取，容易满足，让人陷入琐事中而碌碌无为。

改变惰性，则要几经磨砺，人才能有"大"的意境。人类社会的进步，生存环境的改变，向人的惰性提出了严峻的挑战：是满足平庸，还是追求卓越？

我们有理由让自己认同后一点。追求卓越意味着你的价值观比别人明晰高远。人生价值的实现是在追求卓越的社会实践中完成的。

人的理想只有通过不懈地追求，自强不息的奋斗才能实现，而小富即安满足平庸者的人生只能是残缺的人生。中外成功人士的人生道路，从多个侧面无一不映射出人类追求卓越的奋斗轨迹。世界领带大王曾宪梓曾经说："屋檐下的麻雀是不可能有远大和崇高的目标的,只会在低矮的田间吃上几粒粮食就心满意足了;只有山巅上的雄鹰,才敢于顶风斗雨,在无边无际的天空翱翔,才能猎获重大的目标。"正是有着卓越的追求,曾宪梓一步步地实现了人生目标,让"金利来,男人的世界"风靡全球。

追求卓越意味着你能不断地超越现状。19世纪英国诗人王尔德曾经讲过一句流传极广的话:"第一个用花比喻美的人是天才,第二个这样比喻的是庸才,第三个就是蠢才了。"话虽然尖刻,但道理很深:总是缩手缩脚、不敢超过前人一步,总是重复别人,至多是个"庸才",搞得不好还要被归入"蠢才"之列。只有勇于突破,认真思考,敢于创新,才有可能超越现状,取得成功。

追求卓越还意味着你能摆脱那些琐事和没有意义的言论。人生之路上常会遇到不负责任的闲言碎语。有些人自甘平庸,无所作为,但看到别人做出成绩的时候,不甘心被别人超过去,于是就说风凉话、讽刺挖苦、设置障碍等,阻拦别人前进的脚步。这些人并没有什么改革创新的高见,只是摆出一副教训人的样子,指手画脚、说三道四。对待这样的言论,追求卓越的人往往能保持冷静的态度,把压力变成催人奋进的动力。

成功的人绝对不会以平庸的表现自满。日本直销天王中岛薰说过:"我向来认为自己最大的敌人就是自满,一次新的成功永远只是一个新的起点,而不是终点。"百万富翁想当千万富翁,千万富翁想当亿万富翁,亿万富翁想角逐《财富》排行榜。成功是一种思维,更是一种境界。一个成功的人不断地追求成功,持续地精进,所以他才与平庸绝缘,才更成功。

第四章

带着正能量工作，
认真是职场通行证

行走职场，先点燃激情之火

职场中，认真首先表现为对工作的热情。一个认真工作的人，会对工作表现出 100% 的热情。

激情是不断鞭策和激励我们向前奋进的动力，对工作充满高度的激情，可以使我们不畏惧现实中所遇到的重重困难和阻碍。可以这么说，激情是工作的灵魂，甚至就是工作本身。当你满怀激情地认真工作，并努力使自己的老板和顾客满意时，你所获得的利益会增加。而工作中最巨大的奖励还不是来自财富的积累和地位的提升，而是由激情带来的精神上的满足。

在一个公司团队中，如何获得同事与主管的信任和尊敬？如何做到对公司团队有真正的贡献和益处？只有一个答案，就是要有追求卓越的激情，追求精益求精的认真态度。

激情造就卓越。爱默生曾经说过："没有激情，就没有任何事业可言。"

杰克·韦尔奇在自传中写道："每次我去克罗顿维尔，向一个班级提问，拥有什么样的素质才能称得上一名'顶级的玩家'，我常常高兴地看到第一个举起手来的人说：是工作热情。对我来说，极大的热情能做到一美遮百丑。如果有哪一种品质是成功者共有的，那就是他们比其他人更在乎。没有什么细节因细小而不值得去挥汗，也没有什么大到不可能办到的事。多年来，我一直在我们选择的领导中挖掘工作热情，热情并不是浮夸张扬的表现，而是某种发自内心深处的东西。"

什么东西能够激发一个人为了完成一件任务可以几天几夜不眠不休？可以承受几年甚至更长的时间去做琐碎细致的工作并一直追求卓越？可以面对任何困难毫不退缩？可以面对无数次拒绝仍然不会放弃？可以不惜一切代价地去做事不达目的决不罢休？是进取的激情。

比尔·盖茨说过："每天早晨醒来，一想到所从事的工作和所开发的技术将会给人类生活带来的巨大影响和变化，我就会无比兴奋和激动。"正是这种激情激励他创立了世界上最著名的公司美国微软公司，使个人电脑在世界上得以普及。

在职业生涯中，要想把工作做得又快又好，把自己的职业经营得大有起色，必须保持工作的热忱精神。热忱是发自内心的真实意愿，而真实的热忱往往又会表现出一种极致的认真精神，使自己创造出一个又一个令人叹服的业绩，保证自己在激烈的竞争中立于不败之地。

在"最佳状态"中工作

不是每个人都了解,精神状态是如何影响工作的,但是我们都知道没有人愿意跟一个整天提不起精神的人打交道,没有哪一个老板愿意提拔一个精神萎靡不振、牢骚满腹的员工。

当记者采访微软的招聘官员时,他说:"从人力资源的角度讲,我们愿意招的'微软人',他首先应是一个非常有激情的人:对公司有激情,对技术有激情,对工作有激情。他可能给你带来许多意想不到的成果。"

刚刚进入公司的年轻人,自觉工作经验缺乏,为了弥补不足,常常早来晚走,斗志昂扬,就算是忙得没时间吃中饭,依然很开心,因为工作有挑战性,感受也是全新的。

其实很多年轻人在初入职场时都经历这种工作时激情四射的状态。可是,这份激情来自对工作的新鲜感,以及对工作中不可预见问题的征服感;一旦新鲜感消失,工作驾轻就熟,激情也往往随之湮灭。不知何时,一切开始变得平平淡淡,过去充满创意的想法消失了，每天的工作变成了应付了事。既厌倦又无奈，又很茫然，也不清楚究竟怎样才能找回曾经的激情。在老板眼中你也由一个前途无量的员工变成了一个仅仅比较称职的员工。

保证你工作激情的有效方法是保持对工作的新鲜感。可是保持新鲜感却不是件容易的事。不管什么工作都有从开始接触到全面熟悉的过程。要想保持对工作恒久的新鲜感，首先必须改变只把工作当成谋生手段的观念，要把自己的事业、成功和目前的工作连接起来；其次，保持长久激情的秘诀，就是给自己不断树立新的目标，挖掘新鲜感；把曾经的梦想捡起来，找机会实现它；审视自己的工作，看看有哪些事情一直拖着没有处理，然后把它做完……在你解决了一个又一个问题后，自然就产生了一些小小的成就感，这种新鲜的感觉就是让激情每天都陪伴自己的最佳良药。

在职场中，要让自己变得积极起来，让自己每天都在"最佳状态"中工作。要想变得积极起来完全取决于你自己。在充满竞争的职场里，在以成败论英雄的工作中，谁能自始至终陪伴你，鼓励你，帮助你呢？不是老板，不是同事，不是下属，也不是朋友，他们都不能做到这一点。唯有你自己才能激励自己更好地迎接每一次挑战。

总之，每天精神饱满、认真尽职地去迎接工作的挑战，以最佳的精神状态去发挥自己的才能，就能充分发掘自己的潜能。你的内心同时也会变化，变得越发有信心，你的价值也越发得到别人的认可。

认真担负使命，责任成就优秀

在现代职场日趋激烈的竞争中，人才之间的较量，早已突破了以前单纯的能力对比的范畴，而逐渐向道德品质方面的对比渗透和延伸。责任感越来越受到公司和老板的重视，成为考察员工的一项重要指标。

曾任中国外交学院副院长的任小萍说，在她的职业生涯中，差不多每一步都是组织上安排的，自己基本上没有什么自主权。然而在每一个岗位上，她都有自己的选择，那就是一定要比别人做得更好。

大学毕业那年，她被分到我国驻英国大使馆做接线员。在很多人心目中接线员是一个微不足道、不值一提的工作，然而任小萍在这个平凡的工作岗位上作出了不平凡的业绩。她把使馆所有人的名字、电话、工作范围甚至连他们家属的名字等相关信息都背得滚瓜烂熟，当有些打电话的人不知道该找谁时，她就会多问，尽量帮他（她）准确而迅速地找到要找的人。逐渐地，使馆人员有事外出时并不告诉他们的翻译，而是给任晓萍打电话，告诉她谁会来电话，请转告什么，等等。到了后来，有很多公事、私事也开始委托她通知，她竟然成了全面负责的"留言点、大秘书"。

有一天，大使竟然跑到电话间，笑眯眯地表扬她，对她的表现赞不绝口，这可是一件破天荒的事。没多久，她就因工作出色而被破格调去给英国某大报记者处做翻译。

该报的首席记者是个名气很大的老太太，得过战地勋章，授过勋爵，本事大，只是脾气有点不太好，甚至把前任翻译给赶跑了。刚开始时这位老太太也不接受任小萍，瞧不起她的资历，后来才勉为其难同意一试。结果一年后，老太太逢人就说："我的翻译比你的好上10倍。"不久，工作表现出色的任小萍又被破例调到美国驻华联络处，她表现得同样十分优异，不久即获外交部嘉奖。

任小萍之所以能够处处都受表扬、被认可，与她不论面对什么工作，都是高度负责的认真工作态度是分不开的。工作中具体的业务能力固然重要，可是这种责任心亦未尝不是综合能力中很有分量的一种。

只有具有高度责任心的员工，才能严肃认真地对待自己的工作，才不会在工作中搪塞推诿；才能真正融入团队中，与同事展开紧密的配合和密切的协作；才能将错误与失败的风险降到最低。

忠于职守，认真履行职责

认真敬业、恪尽职守，越来越成为企业最为看重和关注的工作品质。能否很好地履行职责就成为评价员工合格与否的重要标准。从这个意义上讲，履行职责就是最大的认真。

履行职责，是企业对一个员工最基本的要求，当然也是一个最重要的要求。履行职责给了每一个人表现自己能力的机会。

履行职责，当然需要具备履行职责的相应的能力，应该全面提高自己的综合素质、挖掘自我潜力，让自己成为一个能够很好地履行职责的员工。

很多优秀的企业都在人才选拔的时候就设定了适当的要求，以确保进入企业的人才符合履行职责的基本要求。那么员工进入企业以后，就可以参照这些选人要求，审视自己有哪些不足，进而完善自己。

马耳他有位王子从外地办完事深夜回宫，看到自己的一个仆人正紧紧地抱着他的一双拖鞋睡觉，他上去想要把那双拖鞋拽出来,却怎么也拽不动,反而把仆人惊醒了。这个仆人给王子以很大的震撼:对小事都如此小心地履行职责的人一定很忠诚,可以委以重任。后来他把这个仆人提拔为自己的贴身侍卫。结果证明这位王子的判断是正确的:这个年轻人很快升到了事务处,最终当上了马耳他的军队司令。

上汽集团总裁胡茂元自17岁进入上汽集团的前身上海拖拉机厂,已经在这家地方汽车生产企业干了整整37年。从学徒到总裁,37年来他从未改变对上汽集团的忠诚尽职,他无时无刻不以主人翁的精神为上汽集团呕心沥血,不管在什么情况下,他总是把公司的利益放在第一位,始终牢记履行自己的职责。这正是一名优秀的职场成功人士给我们所作出的表率。

不能以工龄长短来衡量忠诚度,或者作为考察一个人履行职责与否的标准。有的人之所以长时间待在公司里,是因为找不到更好的工作。

在评价一个人履行职责的情况,进而评价其忠诚度时,除了看工龄外,更要全面审视他的工作业绩和对待工作的态度。一个不能创造价值的人,在公司里待得越久,公司损失越大,这样的"忠诚"没有益处反而有害。很多企业最终淘汰的总是那些不够忠诚,不认真履行职责的人。而那些敬业、勤奋的优秀员工,每次都被留了下来。

在一个企业里,要求大家认真履行职责的人,是老板。这确实不假,但也绝非完全正确。事实上,认真履行职责是员工自我发展和完善的重要手段,或者说是员工的锐利武器,拥有这一武器的人，可以夺得显要的职位，夺得丰厚的薪水，在工作的过程中发现乐趣和实现自我价值。

每一个人在工作中都要有认真履行职责的意识。认真履行职责，是职场的通行证，认真履行职责的人，在哪里都会受到欢迎，都能成为公司中的中流砥柱。

强化责任心，认真胜于能力

大到一个国家、军队，小到一个公司、部门，成员是否能够认真、坚决地履行他们的责任将决定最终的成败。一个人的能力再强，如果责任心缺失，那么他也不会是一个称职的员工。即使是细微的地方，一点责任感的缺失，都会给员工自己和公司造成意想不到的后果，因此"三分能力、七分责任"这样的说法不无道理。

卡尔先生是一家航运公司的总裁，他委任了一位非常有潜质的人到一个生产落后的船厂担任厂长，试图扭转该厂的生产状况。可是半年过去了，这个船厂的生产状况依然不见起色。

"怎么回事？"卡尔先生在听了厂长的汇报之后问道，"像你这样有能力的人才，为什么不能够拿出一个可行的办法，促使他们完成规定的生产指标呢？"

"我也没办法。"厂长无奈地回答说，"我也曾用加大奖金力度的方法引诱，也曾经尝试过用强迫压制的手段威逼，甚至以开除或责骂的方式来威胁他们。无论我采取什么方式，都改变不了工人们自由散漫的现状。他们就是不愿意干活,我看实在不行就招聘新人吧,让他们走人!"

这时恰逢太阳西沉,夜班工人已经陆陆续续向厂里走来。"给我一支粉笔,"卡尔先生说,然后他随口问离自己最近的一个白班工人,"你们今天完成了几个生产单位?"

"6个。"

卡尔先生在地板上写了一个大大的、醒目的"6"字以后,什么也没说就走开了。当夜班工人进到车间时,他们一看到这个"6"就问是什么意思。

"卡尔先生今天来这里视察,"白班工人回答,"他问我们完成了几个单位的工作量,我们告诉他6个,他就在地板上写了这个6字。"

次日早晨卡尔先生又来到这个车间,夜班工人已经将原来的"6"字擦掉,换上了一个大大的"7"字。下一个早晨白班工人来上班的时候,他们看到一个大大的"7"字写在地板上。

夜班工人以为他们比白班工人要强,是不是?好,要给夜班工人点颜色瞧瞧!他们竭尽全力地加紧工作,下班时,留下了一个十分醒目的"10"字。生产状况就这样慢慢好起来了。不久,这个一度生产落后的厂子比公司别的工厂产出还要多。

卡尔先生就这样巧妙地达到了提高生产效率的目的,原因在于他用一个数字激起了员工的责任意识。而这种责任感使得员工充分发挥出他们的能力,使得业绩一再提升。

在现实社会中,责任常常为人们所忽视,大家只是片面地强调能力。在工作中，能力的确很重要，可是，一个员工即使能力再强，如果他无心付出，甚至根本就不愿意付出，那么他是不可能为公司创造太大的价值的。而一个愿意为公司全身心付出、高度负责的员工，即使能力稍逊一筹，也能创造出价值来。更何况对公司而言，员工的责任和使命是无法用价值来衡量的宝贵的财富。

　　三分能力，七分责任，这个工作准则不意味着对能力的否定。一个富有责任而毫无能力的人，同样是无用之人。能力、责任兼备的员工才是完美的员工。因此可以说：认真 = 三分能力 + 七分责任。

认真执行，不找任何借口

二战时期，有一次巴顿将军想要提拔任用部下。他将要提拔人的候选人排到一起，给他们安排一件事情，要他们去完成。

巴顿说："伙计们，请你们在仓库后面挖一条战壕，8英尺长，3英尺宽，6英寸深。"巴顿就告诉他们那么多，没有再说什么就走开了。

当候选人正在检查工具时，巴顿走进仓库，通过窗户或节孔观察他们。巴顿看到伙计们把锹和镐都放到仓库后面的地上。他们休息几分钟后开始议论巴顿为什么要他们挖这么浅的战壕。他们有的说6英寸深还不够当火炮掩体。其他人争论说，这样的战壕太热或太冷。如果伙计们是军官，他们会抱怨他们不该干挖战壕这么普通的体力劳动。最后，有个伙计对别人下命令："让我们把战壕挖好后离开这里吧。那个老畜生想用战壕干什么都没关系。"

最后，那个伙计得到了提拔。巴顿在他的日记中写道："我必须挑选不找任何借口地完成任务的人。"

无论什么工作，都需要这种不找任何借口认真去执行的人。对我们而言，无论做什么事情，都要记住自己的责任，无论在什么样的工作岗位上，都要对自己的工作认真负责。不要用任何借口来为自己开脱，完美的执行是不需要任何借口的。

在工作中找借口是最愚蠢的人都能想到的办法，更是世界上最容易办到的事情，如果你存心拖延逃避，你总能找出借口。找借口是一种很不好的习惯，是一种不负责任的表现。出现问题不是积极、主动地加以解决，而是千方百计地寻找借口，推卸责任，你的工作就会拖沓，没有效率可言。

借口变成了一面挡箭牌，事情一旦办砸了，你就会找出一些看似合理的借口，推脱自己的责任，以换得他人的理解和原谅。一般情况下，我们找借口无疑是为了把自己的过失掩盖掉，心理上得到暂时的平衡。但长此下去，借口成习惯，人就会疏于努力，不再想方设法积极进取了。

在工作中，我们每个人都应该承担起应有的责任，发挥自己最大的潜能，努力地工作而不是浪费时间寻找借口。要知道，公司安排你这个职位，是为了解决问题，而不是听你对困难的长篇累牍的分析。

那些认为自己缺乏机会的人，往往是在为自己所面临的困难寻找借口。成功者不善于也不需要编制任何借口，因为他们能为自己的行为和目标认真地负责，也能享受自己努力的成果。

精益求精，认真没有上限

认真，反映的是一种精益求精的工作精神。管理学之父彼得·德鲁克说过："人生所有的履历都必须排在认真负责的精神之后。"有了认真负责的态度，工作就会一丝不苟、严谨细致、精益求精，就会出成效、出成果、出精品。

韩国现代公司的人力资源部经理在谈到对员工的要求时这样说："我们认为对员工的最好的要求是，他们能够自己在内心中为自己树立一个标准，而这个标准应该符合他们所能够做到的最好的状态，并引领他们达到完美的状态。"

这位经理的话，无疑代表着现行社会下各家企业、公司较为普遍的择人观念。

如今，任何一家公司对员工的期望，都不再满足于公司规定怎么做，员工便去怎么做，而是期望员工能够自我加压、自我完善，成为能创造自己最大价值的人。这就要求员工心中必须具有对自己的高要求，这样才能达到自我管理、自我发挥的状态。

对每一个人来说，只有用精益求精的高标准要求自己不断发现和改进自己作品的不足之处，才可能成就精美的作品和人生。

事实上，很多人都不能够很好地理解标准没有上限这句话。他们在工作中都认为，只要做到了工作的全部要求，就是达到了完美的状态。完美其实不是一种最终的结果，而是一种过程。在这种过程中，向完美进发的人对自我永远都处于不满足的状态中，他知道自己对于工作或者人生都是不完美的，即使自己在努力地按照要求来工作，但是这对完美来说还是不够。因为完美对应的是一种更高层次的人生境界。在这样的人生境界中，每个人都必须不断地努力才有可能获得进一步发展的机会。

认真的人，对待工作要求"百分百""尽善尽美"，对待错误却是"零容忍"，没有"可能""也许""差不多"，有的是"一定""确定""精准细"。

工作中养成精益求精的态度，做事坚持高标准和高质量，不仅可以提升自身的素质，还可以激发自己的智慧和提升自己的工作能力。

让精益求精成为习惯，尽力将工作做到最好，力求完美、出色，这样，你良好的职业道德就蕴涵其中了。

认真奉献，主动承担分外工作

职场中没有"分外"的工作，要想登上成功之梯，你必须永远保持主动率先的认真进取精神，这种额外的工作可以使你对本行业拥有一种宽广的眼界，与此同时获得更多的机会。要知道，超过别人所期望你做的，会使自己更容易如愿以偿。所有事业成功的人和工作平庸的人之间最本质的差别在于，成功者将工作当作一种储备，多多益善，而工作平庸的人则死守职责，对职责外的工作置若罔闻。

美国船王罗伯特·达拉有一位得力助手是位女士，最早她只是一名速记员。谈到她之所以能得到这个公司里所有女士都眼红的秘书位置时，罗伯特·达拉说："我在最初雇用她时，她的工作只是听取我的口述，记录内容，替我拆阅、分类及回复我的私人信件。她的薪水同公司其他普通的职员没什么两样。但是，同其他普通职员所不同的是，用完晚餐后，她还常常回到办公室来，并且积极地做那些本来不是她分内的、也没有报酬的工作，并把她替我写好的回信和其他一些文件送到我的办公室来。她的能力增长很快,有时候替我写的信就同我写的一样。"

"后来,当我的秘书因故辞职时,我自然而然地想到了她,因为她早已做着这样的工作,并且早已有了这样的能力。我多次提高她的薪水,直到她的薪水是普通职员的四倍。但是,这是没办法的事,她已经使她自己变得对我极有价值,是我的事业不能离开的帮手。"

美国成功学大师拿破仑·希尔曾说:"人与人之间只有很小的差异,但是这种很小的差异却造成了巨大的差异!很小的差异就是所具备的心态是积极的还是消极的,巨大的差异就是成功和失败。"

中国有位著名的企业家也说过:"除非你愿意在工作中超过一般人的平均水平,否则你便不具备在高层工作的能力。"

社会在进步,公司在扩展,个人的职责范围也会跟着扩大。不要总拿"这不是我职责内的工作"为由来推脱责任,当额外的工作分摊到你头上时,这也可能是一种机遇。

卡洛·道尼斯刚开始在世界著名汽车制造商杜兰特手下工作时,职务低微,但很快他就被杜兰特先生当作左膀右臂,担任其下属一家公司的总经理。他之所以能升迁得如此迅速,原因就是他多做了一点职责外的事。他说:"刚为杜兰特先生工作时,我就注意到,每天所有的人下班后,都回家了,杜兰特先生依旧会留在办公室里继续工作到很晚。为此,我决定下班后也留在公司里。是的,确实没有人要求我这样做,但我觉得自己应该留下来,在杜兰特先生需要时为他提供一些帮助。"

"工作时杜兰特先生常会找文件、打印材料，以前这些事都是他自己亲自来做。很快，他就发现我时刻在等待他的吩咐，久之逐渐养成召唤我的习惯。"

在当今的商业社会，传统的对待职业的态度，已经越来越不适应了，只做到恪守职责已远远不够。那些事事待命而行、满足于完成交付给自己的任务的员工，将会在工作竞争中越来越力不从心。只有那些像卡洛·道尼斯这样积极、主动，全身心投入工作中的员工，才是企业真正需要的人。

无论你的想法是什么，目标有多么远大，要实现它，你必须干得比其他人更多。不要像机器一样只做分配给自己的工作。一些看起来似乎是很平凡的事，你默默地多做一些，多承担些责任，多为公司和老板分担一些，公司和老板自然会给你更多的发展机会。

认真细致,不放过每一个细节

"细节决定成败",这句话所体现的是对工作的一种专注、一种认真的劲儿。只有关注到了工作中的每一个内容、每一个步骤、每一个细节,我们的工作才有可能做得像我们在计书中所预设的一样成功和完美。

美国一位伟大的黑人华盛顿·卜克青年的时候,到一所大学校去,请求入学。

会见他的是一位学校女职员,她见他的衣服褴褛,不肯收他。他独自坐在那里几个小时之久。那位女职员看见后感觉稀奇,便告诉他说学校里有一间屋子,需要人清洗、整理,问他是否愿意做这件事。

卜克喜欢极了。他殷勤洗濯地板,擦拭桌椅,把那间屋子清理得没有一点尘垢。过了一些时候,那位女职员来到这间屋子里,拿出白的手帕擦拭桌椅,白手帕上竟没有一点污秽,便允许卜克入校读书。卜克视这件事为他一生中的快事。

那个女职员就是要借着这件微小的工作试验一下华盛顿·卜克的人品，看看他是否谦卑，是否殷勤，是否忠心于小事，是否在细节上尽心尽职。

如果他想"能否被收留还没有把握，谁甘心先做这种义务的苦工呢？"因此不肯打扫这间屋子，或是虽然打扫，却是草草了事，并不打扫得干干净净，请想那个女职员能否收留他呢？这个在小事上忠心的青年人后来果真成就了大事，兴办了黑人的教育事业，得到了人们的爱戴和尊敬。

古人早就有言："天下大事，必作于细。"任何人的成长进步，都是从做好身边的细微工作开始的。为什么总有人会对细微工作采取不认真的态度呢？究其原因，不认真的背后潜藏的是不重视。他们或认为事情太小，不值得认真；或认为事情容易，不必要认真。无数教训证明：这种不认真"把每一件工作都当事来做"的态度和习惯不改，恐怕一辈子也不会有什么大的长进和出息，只能眼睁睁看着机会在身边一次次溜走。

看不到细节，或者不把细节当回事的人，就会对工作缺乏认真的态度，对事情只能是敷衍了事；而考虑到细节、注重细节的人，不仅认真对待工作，将小事做细，而且注重在做事的细节中找到机会，从而使自己走上成功之路。

小事成就大事，细节成就完美。在小事上认真的人，做大事才会卓越。

用力才能合格，用心才能优秀

在工作中，被动机械地用力做事和主动用心地做事的两种结果是迥然有异的。用力才能合格，用心才能优秀。

在美国某个城市，有一位先生搭出租车要到某个目的地。这位乘客上了车，发现这辆车不只是外观光鲜亮丽而已，司机先生服装整齐，车内的布置亦十分典雅。车子一发动，司机很热心地问车内的温度是否适合？又问他要不要听音乐或是收音机？

车上还有早报及当期的杂志，前面是一个小冰箱，冰箱中的果汁及可乐如果有需要，也可以自行取用，如果想喝热咖啡，保温瓶内有热咖啡。这些特殊的服务，让这位上班族大吃一惊，他不禁望了一下这位司机，司机先生愉悦的表情就像车窗外和煦的阳光。不一会儿，司机先生对乘客说："前面路段可能会塞车，这个时候高速公路反而不会塞车，我们走高速公路好吗？"

在乘客同意后，这位司机又体贴地说："我是一个无所不聊的人，如果您想聊天，除了政治及宗教外，我什么都可以聊。如果您想休息或看风景，那我就会静静的开车，不打扰您了。"从一上车到此刻，这位常搭出租车的乘客就充满了惊奇，他不禁问这位司机："你是从什么时候开始这种服务方式的？"这位司机说："从我觉醒的那一刻开始。"司机继续说他那段觉醒的过程。他一直一如往常，经常抱怨工作辛苦，人生没有意义。但在不经意里，他听到广播节目里正在谈一些人生的态度，大意是你相信什么，就会得到什么，如果你觉得日子不顺心，那么所有发生的事都会让你觉得倒霉；相反的，如果今天你觉得是幸运的一天，那么今天每次所碰到的人，都可能是你的贵人。就从那一刻开始，他开始了一种新的生活方式，目的地到了，司机下了车，绕到后面帮乘客开车门，并递上名片，说声："希望下次有机会再为你服务。"结果，这位出租车司机的生意没有受到不景气的影响，他很少会空车在这个城市里兜转，他的客人总是会事先预定好他的车。他的改变，不只是创造了更好的收入，而且更从工作中得到自尊。

这种竭尽全力、一心追求卓越的工作态度，相信定能创造出最大的价值。

不论你的工资是高还是低，你都应该保持这种良好的工作作风。能让工作变得完美的人，需要极高的品质。高品质不是从天上掉下来的，而是人们保持高昂的信心，诚心诚意的努力，投入心血智慧以及技能后所得到的结果。

全心全意、追求卓越，正是认真精神的基础。一个人无论从事何种职业，都应该全心全意、尽职尽责，这不仅是工作的原则，也是生活的原则。

第五章

认真说话，
一开口你就赢了

天天说话，你是否认真说话了

我们与人交往时，说话的内容固然重要，但别人对你的评价如何，你给别人的印象是好是坏，很大程度上是由你的语言表达方式决定的。在社会交往中认真注意自己的说话方法，是开口说话至关重要的一个环节。

一个人在与人说话的时候，始终保持认真的态度，谨慎措辞，说好每一句话，同时注意聆听别人的话语，及时准确得体地回答别人，肯定能加深别人对他的好感；反之，说话时装模作样、自命不凡、优越感太强的人，便不会得到别人的认同，朋友也会离他越来越远。

现在，你不妨先用下面这些问题来检验一下自己说话是否得体恰当、讨人喜欢。

开始与别人交谈时，会希望别人快点说完吗？

和不熟悉的人说话时，会觉得不知道说啥吗？

与对方交谈时，你还会想其他事情吗？

是否时常会有找不到话题的时候？

不喜欢别人为你介绍陌生人吗？

是否时常会有想不出好措辞的时候？

是否常常想中断对方的谈话？

即使和亲朋好友谈话，也会有没有话题的时候吗？

当你讲话时，是否感觉到其他人的坐立不安？

对方是否常常会中断你的谈话？

与人交谈时，争执的情形多吗？

你觉得用家常话会很难和别人交谈吗？

是否觉得自己不会幽默？

在会谈的时候，你是否会认为提前结束比较好呢？

是否常常请求对方赶快说明情况？

是否一讲起来就没完没了？

常想教导别人吗？

是否时刻在维护自己的形象？

以上这些问题，如果你有七个以上的回答是"是"，那么你就有必要认真注意说话的方法和掌握说话的技巧了。掌握正确的说话方法，能使我们判断出自己的想法是否合乎情理，同时也能让别人对我们有一个正确的评价，时间一长，自然能给人们留下良好的印象。

认真说话，有话好好说

与人说话时，一定要视不同的人物、时间、地点、场合说不同的话，同时做到有话好好说，得理也饶人，有错及时承认，如此才能达到说话的目的。

说话获得别人的好感，可以从下面5个方面入手：

1. 多提善意的建议

当一个人关心你时，只要这份关心不会伤害到自己，并且对方还提了一些善意的建议，你当然会欣然接受，对这个人产生好感。那么，反过来你对别人若也如此，别人也会同样对你产生好感。

满足他人自尊心最佳的方法就是善意的建议。对方是女性时，仅说"你的发型很美"，只不过是句单纯的赞美词；若是说"稍微剪短，看起来会更可爱"，对方定能感受到你对她的关心。若是能不断地表示出此种关心，对方对你必然更加亲切信任。

2. 偶尔暴露自己一两个小缺点

有时坦率地暴露缺点，反而会迅速获得对方的信任，给对方留下一个正直、诚实深刻的印象。

只是暴露自己的缺点并不是毫不保留地将所有的缺点都暴露出来，如此做，反而使人认为你是个毫无可取之人，因而丧失了你的信任。

暴露的点只要一两个就可以了，可使他人把这一两个缺点和其他部分联想在一起，因而产生其他部分毫无缺点的感觉。但这绝不是狡诈，只是交际的策略和需要。因为也没有人会拿自己的缺点和别人交往。"这个人有点小缺点，但是其他方面挑不出毛病来，是个相当不错的人。"类似上述的想法就能深深植入他人的心中。

3. 记住对方所说的话

一位心理学家应邀去演讲，不料主办方却问他："请问先生的专长是什么？"他颇为不高兴地回答："你请我来演讲，还问我的专长是什么？"

招待他人或是主动邀约他人见面，事先多少都应该先收集对方的资料，这是一种礼貌。换句话说，表现自己相当关心对方，必然能赢得对方的好感。

记住对方说过的话，事后再提出来做话题，是表示关心的做法之一，也是说话的策略之一。尤其是兴趣、嗜好、梦想等事，对对方来说，是最重要、最有趣的事情，一旦提出来作为话题，对方一定会觉得很愉快。在面试时，不妨引用主考官说过的话，定能使主考官对你另眼相看，印象深刻的。

4. 注意对方微小的变化

生活中，一般做丈夫的都不擅长对妻子表现自己的关心。比方说，妻子上美容院改变发型时，明明觉得她"看起来年轻多了"，却不作任何表示，因而使妻子心里不满，觉得丈夫不关心自己。

不论是谁，都渴求拥有他人的关心。而对于关心自己的人，一般都具有好感。因而，若想获得对方的好感，首先必须积极地表示出自己的关心。只要一发现对方的服装或使用的物品有些微小的改变，不要吝惜你的言辞，立即告诉对方。例如：同事打了条新领带时，"新领带吧，在哪儿买的？"像这样表示自己的关心，绝没有人会因此觉得不高兴。

另外，指出对方与往日的变化时，愈是细微和不轻易发现的变化，愈使对方高兴。不仅使对方感受到你的细心，也感受到你的关怀，转瞬间，你们之间的关系就会远比以前更亲密可信。

5. 呼叫对方的名字

欧美人在说话时，常说："来杯咖啡好吗？莱克先生！""关于这一点，你的想法如何？莱克先生！"频频将对方的名字挂在嘴边。这种作风往往使对方涌起股亲密感，宛如彼此早已相交多年。其中一个原因是他感受到对方已经认可自己了。

在我们的社会里，晚辈直接呼叫长辈的名字，是种不礼貌的行为。但是，平辈之间借着频频呼叫对方的名字，来增进彼此的亲密感，应是个非常有益于彼此交往的方法。

认真说话，只说该说的话

有一次，林肯在某个报纸编辑大会上发言，指出自己不是一个编辑，所以他出席这次会议是很不相称的。为了说明他最好不出席这次会议的理由，他给大家讲了一个小故事：

"有一次，我在森林中遇到了一个骑马的妇女，我停下来让路，可是她也停了下来，目不转睛地盯着我的面孔看。

她说：'我现在才相信你是我见到过的最丑的人！'

我说：'你大概讲对了，但是我又有什么办法呢？'

她说：'当然你生下来就这副丑相是没有办法改变的，但你还是可以待在家里不要出来嘛！'"

大家为林肯幽默的自嘲而哑然失笑。

林肯巧妙地运用了自嘲来表达自己的拒绝意图。既没让人难堪，还使人在愉快的氛围中领悟到林肯的意图。

有时候为了避免直言相告，还可巧妙地寻找借口来为自己解围或是保全他人的面子。

舞会上别人邀请你,你内心实在不想跟他跳,可以说:"我累了,想休息一下。"既达到谢绝目的,又不伤别人的自尊心。

别人与你相约同去参加某一活动,但届时你忘记了;或过后生悔,未去赴约。直接说出原因,将会影响别人对自己的信任,也是对他人的不尊重。一般情况下,失约的原因可能有身体不适、家中有事、客人来访等,你可挑选较合情理的一种,作为事后的解释。

但是并不是所有的人都能控制自己的情绪,只说该说的,把不该说的那半句留住。

因此,世界上的麻烦有一半是因为说话不当造成的,另一半是愚蠢所致。说话不当的危害跟愚蠢是一样的。说话不当者未必都是愚蠢的人,但的确做了一件愚蠢的事。

说话,就要为自己所说的话认真负责,认真说好每一句话。认真说话,就是只说该说的话,那些让人误解、产生反感或是引发矛盾和冲突的话要坚决避免。

言简意赅，一开口就直抵人心

"吹笛要按到眼儿上，敲鼓要敲到点儿上"，话说在点子上对方自然会欣然接受。

古人讲：山不在高，有仙则名；水不在深，有龙则灵。说话也是如此，话不在多，点到就行。在生活节奏紧张快速的现代社会中，没有人愿意花费大量的时间去听你的长篇大论。这就要求认认真真地说好每一句话，在与人交谈时要做到言简意赅，一针见血，说话说到点子上，一开口就直抵人心，打动对方。

请看一个发生在上个世纪 30 年代的故事。我国著名新闻记者、政治家、出版家邹韬奋先生于 1936 年 10 月 19 日在上海各界公祭鲁迅先生大会上发表了一句话演讲："今天天色不早，我愿用一句话来纪念先生：许多人是不战而屈，鲁迅先生是战而不屈。"

邹韬奋先生演讲的这一句话，在当时被人们誉为最具特色的演讲。即便是现在人们仍感叹邹韬奋先生演讲的简练有力。透过这一句话的演讲，我们分明可以感受到里边蕴含着极为丰富的内容——既有对当时政治战线、思想战线、文化战线上"不战而屈"的投降派的谴责,又有对鲁迅先生"横眉冷对千夫指",勇敢战斗,决不屈服的可贵品格的赞颂。"不战而屈"和"战而不屈",同样四个字的不同组合,成为衡量一个人有没有硬骨头的试金石。这极其精练的一句话演讲,巧妙地采用了鲜明的对比,使卑微者更渺小,使高尚者更伟大。尽管只是一句话,却激发了人们奋起抗争的勇气,鼓舞人们以鲁迅先生为榜样,挺身而出,战斗不止。

在生活中我们经常看到,有的人习惯于喋喋不休、滔滔不绝地高谈阔论,而又词不达意、语无伦次,让人听而生厌;还有的人喜欢夸大其词、侃侃而谈,说话不留余地,没有分寸。这样都容易造成画蛇添足的恶果。因此,我们"在开口之前,应先让舌头在嘴里转十个圈"。把多余的废话"转掉",认真地准备一些简单明了的话,一开口就往点子上说,千万不要东拉西扯,不知所云。

说话有力量，表达有力度

一个人说话缺少力度，意思表达就会含糊不清，言不达意，听者也不知其说的什么意思。只有说话有力量，表达有力度，字字句句都精准地表情达意，才能产生应有的沟通效果。

那么，怎样说话才算有力度呢？

1. 说话要经得住推敲

一个人说话是否有力，要看是否有客观依据，即经得起推敲，只有经得起推敲的话才有充分的说服力。

在林肯当律师的时候，一位叫小阿姆斯特朗的人因涉嫌杀人案而被捕入狱。小阿姆斯特朗不服，提出上诉，林肯找到被告证人福尔逊，他发誓说在10月18日的晚上，清楚地目击了小阿姆斯特朗用枪击毙了受害者的全过程。对此，林肯要求复审。林肯先问证人福尔逊："你发誓说看清了小阿姆斯特朗？"福尔逊答："我发誓看清了。"

林肯问："你在草堆后，小阿姆斯特朗在大树下，两处相距二三十米，你能看清吗？"

福尔逊答："看得很清楚，因为月光很亮。"

林肯问："你肯定不是从衣着方面看清是他的吗？"

福尔逊答："不是的，我能肯定我看清了他的脸，因为月光照亮了他的脸。"

林肯问："你能肯定时间是在 11 时吗？"

福尔逊回答："我能肯定，因为我回家时看了钟，那时是 11 时 15 分。"

林肯问到这里，便转过身来，语惊四座：我不能不告诉大家，证人福尔逊所说的全是谎言。他一口咬定 10 月 18 日晚上 11 时在月光下看清了被告的脸。我们都知道，10 月 18 日那天是上弦月，晚上 11 时月亮都已经下山了，哪里还会有什么月光？退一步说，也许他的时间记得不十分清楚，时间稍有提前。但那时，月光是从西往东照，草堆在东，大树在西，如果被告的脸对着草堆，脸上是不可能有月光的。

大家先是一阵沉默，紧接着是掌声、欢呼声一起迸发出来。福尔逊则傻了眼。

林肯借助客观事实推理，充分揭穿了福尔逊的谎言，使一桩冤案得到昭雪。

2. 态度要诚恳

古语讲"至诚足以感人"，要想说出有力的话诚恳是关键，一个人无论说什么都可以，但若是口是心非，所说的话肯定不会有力量。

3. 道歉得当

我国古来有句俗语叫做"谦,美德也,过谦则诈"。我们对别人说话,谦虚是应该有的,因为你的谦虚,会让别人容易接近。可是,你过分地谦虚了,你的谦虚便失去了价值,而且别人也无法相信你。一位演说家,当他登台之后,便对听众说道:"诸位,真是很对不起,今天我所讲的题目,并不是我所熟悉的,我对这题目也没有多少的研究,准备也不充分,所以今天所讲的可能也没有多大价值,讲得不好,请一定见谅。"

一位演讲者对台下听众这样讲着,在他自己看来是谦虚,可是别人能否相信他呢?所以,我们要想说话有力,首先谦虚应该得当。

与人交谈,贵在诚实

你有没有经历过这样的事情,你本来很想吃清粥小菜,当对方问:"今天你想吃什么?"你不好意思直说,于是就敷衍:"随便,看你想吃什么。"对方说:"那我们吃麻辣火锅好了。"你回应:"嗯……也好……"然后,对方兴奋地吃麻辣火锅,你却食不下咽地坐在一旁,一脸沮丧。对方再三催问,你才说:"我最近肠胃不太好,只想吃清粥小菜……"

很扫兴不是吗?你应该一开始就告诉他自己的想法。

与人沟通,不要含含糊糊,而应该诚实真切地表达自己的意思。

要抗拒每个引诱你、使你向自己的欲望妥协的感觉。如果有个人请你做一件事,而且是个十分具有说服力的人,问问你自己,你是否想要做,还是你觉得很勉强。

如果你觉得你并不是真的想要做,而是因为朋友或社会的人情压力,你才说"好",那就忠于自己,诚实地说"不"吧!有能力说"不",是迈向快乐生活的道路上非常重要的一步。

同样地，当你的意思是"好"时，就说"好"。如果你想做某件事，就遵循别人的提议，而不要管其他人怎么说，做你自己的主人，照你自己订立的游戏规则来进行。就如同说"不"的能力一样，学习说"好"对你而言，也是非常重要的。

当某人请你做某件事，而你并不确定想不想做时，那就说"或许"，然后告诉他们，等你更确定时，你会让他们知道。

说话诚实，不仅仅是说讲话的内容要真实，要不撒谎骗人，而且语气也要诚恳，才能够打动别人，收到事半功倍的效果，是所谓"以诚动人"。

说话六字真言：真实真情真诚

曾经打败过拿破仑的库图佐夫，在给卡捷琳娜公主的信中说："您问我靠什么魅力凝集着社交界如云的朋友，我的回答是：真实、真情和真诚。"

可以毫无疑问地说，真实、真情和真诚的态度是成功的说话者的法宝。用真的情感、竭诚的态度去呼唤人们的心灵，对真善美热情讴歌，对假丑恶无情鞭挞。用诚挚的心去弹拨他人的心弦，用虔善的灵魂去感化他人的胸怀。让听者闻其言，知其意，见其心，达到情感上的共鸣，就会令讲话如春风化雨，润物无声、潜移默化，发生磁铁般的影响，唤起群众的热情，这样就能以震撼人心的巨大力量，发生"共振效应"。

唐代大诗人白居易说："感人心者，莫先乎情。"一个说话者如果感情不真切，是逃不过成百上千听众的眼睛的，是不能打动听众的心的。

1858年，美国著名政治家林肯在一次竞选辩论中说："你能在所有的时候欺瞒某些人,也能在某些时候欺瞒所有的人,但不能在所有的时候欺瞒所有的人。"这句著名的政治格言成了林肯的座右铭。

第二次世界大战期间,年近70岁的英国首相丘吉尔在对秘书口授反击法西斯战争动员的讲稿时,激动得像小孩一样,哭得涕泪横流。他的这一次演讲,动人心魄,极大地鼓舞了英国人民的反法西斯斗志。

一个人如果讲话华而不实,缺乏真挚而热烈的情感,虽然能一时欺骗听众的耳朵,却永远得不到听众的心。只有讲话时袒露情怀,敞开心扉,才会达到语调亲切、说理虔诚、激情迸发、内容充实的效果,也就会字字吐深情,句句动心魄。

一语胜千言，一言定乾坤

列夫·托尔斯泰曾这样告诫那些夸夸其谈的人说："切忌浮夸铺张。与其说得过分，不如说得不全。"高尔基也曾说过："如果有个人说起话来废话连篇，这就说明他自己也不甚明了他说些什么。"

在公共场合讲话，有的人长篇大论，滔滔不绝，用语言的触角抓住了每一位听众，自然令人钦佩；有的人把自己的意思浓缩成一句话，犹如一粒沉甸甸的石子，在听众平静的心湖里激起层层波浪，同样值得称道。换个角度说，如果简短更有力，或同样有力，又何必长篇大论呢？更不用说是冗长而拖沓的演讲了。

认真高明的说话方式应当是，只说重要的话，不旁生枝节，抓住精髓，一语中的。

让你所说的每个字都正好表达你所要说的话，也不要浪费一个字，不要为说话而说话——只为打发时间，或者因为沉默让你不安。把言语当作沟通思想和情感的最佳方式。

这可能意味着你必须把步调放慢，在说话之前先认真想好，比平常更仔细地听，并且随时暂停一下，以选择正确的字或词。不要自视过高地说话，或用些让人听不懂的字，也不要叫人猜你说话的意思。

如果你要让某人知道某件事在你生命中意义重大，就说"意义重大"，而不要说"好像颇具意义"。把一些口头禅，像是"那个""你知道""真的吗"等省略掉，设定你有用字上的限制，但是你不知道界限在哪里。用字要谨慎，但是要能传达你说话时的目的和情感。适时运用一些姿势和表情来辅助你的谈话，如此可以更完整地表达你的意思，同时可以减少你所需要用的字数。

说话的时候，每一句子要明白易懂，避免用艰涩词汇。别以为说话时用语艰深，就是自己有学问、有魄力的表现。其实，这样说话不但会使人听不懂，而且弄巧成拙，还会引起别人怀疑，以为是在故弄玄虚。当然成功的讲话还需要丰富的词汇、多变的句型，使讲话扣人心弦，让听众欲罢不能。

总之，精练是最有力的说话方式。要使自己的语言精练，说话就要干脆果断，不拖泥带水，同时还要培养自己分析问题的能力，学会通过事物的表面现象、根据事物的本质综合概括。在这个基础上形成的交流语言，才能准确、精辟、有力度、有魅力。

谨言慎语，句句说中心坎

说话比做文章、读文章难。做文章，可以细细推敲，再三订正；读文章，可以细细体味，详加研究。说话就不能这样了，因为一言既出，驷马难追啊！所以你与人对话，应该特别留神，认真措辞，把每一句话都说得精准恰当。

你要说的话，最好事前先打腹稿，记出纲要，免得临时遗漏，说话开头，先要定一定神，态度从容，双目注视对方的脸，表示出诚挚的神情，并随时注意他是否赞成你的意见，还是不以为意，也要随时调整你的说法，如果发觉他露出不愿意多听的神情，你就该设法收束话题，如果他有疑问，你就该多加解释，如果他乐于接受你的见解，你就该单刀直入，再不要绕圈子，如果发觉他要插口的样子，你就该请他发表意见，他的答话，你要特别留神。

同样一个"喔"字，有不同的表示，"喔。"是表示知道了，"喔！"则是表示惊奇，"喔？"是表示疑问。如果他说，"好的，你听我回音。"这是肯帮忙的表示；"好的，我替你留意。"

这是没有把握的表示；"好的，就如此办吧！"这是完全接受了；"好的，以后再谈吧！"这表示不肯接受；"好的，待我研究研究。"这是原则上可以同意，办法还须讨论；如果他说，"好的，我替你设法。"这是肯负几分责任的表示。你能够细细体味，便知道此次说话是否成功了。老于世故的人，往往不肯作露骨的表示，很容易使你误解他的真意。

你对人回答，也要有个分寸，认为对的，就回答他一声："很好。"认为不对的，回答他："这个问题很难说。"自认为可以办到的就回答他："我去试试，但成功与否不敢肯定。"自认为办不到的就回答他："这件事太困难了，恐怕没多大的希望。"总之，不要说得太肯定，太肯定的回答，最易造成不欢的后果。一切回答，必须留有回旋的余地，万一临时不能决定，你可以回答："待我考虑后，再答复你吧！"或者说："待我与某方面商量后，由某方面答复吧！"前者是接受与不接受各占一半，后者多数是婉言拒绝。如果对方唠叨不止，你不愿意再听下去，也有几个方法可以应付，你可以乱以他语，乘机谈谈别的事情，转移谈话目标，也可以说"好的，今天谈到此处为止"，然后立起身来，说声："对不起，再见！再见！"他自然会中止谈话，离开你那里。

对方若是一个喜欢刺探你的意思的人，往往会迂回曲折，中间插入一句主话，都希望你暴露真情，你如果不愿意告诉他，应该特别留神那句主话，设法避过，或者故意当做没听见，或者说"不便奉告"，拦阻他的进攻。此外宿醉未醒，不要见客；盛怒之后，不要见客。醉后易于畅言无忌，泄露秘密；怒余易于迁怒来客，无端得罪人。

人与人之间好感难得,恶感易成,所以与人对话,必须谨慎。当然知己相聚,上下古今,东西南北,兴之所至,无所不谈,不必有所拘束,但是谑浪之谈,也不宜过度,否则一言误会,感情便会产生裂痕,这就不可不防,不可不审慎了。

谨慎周密，把话说得滴水不漏

说话在人际交往中并非小事。有的人说话缺少推敲、漏洞百出，让人一问其中的问题便会哑口无言，如果被对方抓住了语言破绽，更是尴尬万分。所以，语言不严谨，表达不周密，就会给人一种不认真、不诚实、胡编乱造或者敷衍的印象。

要想把话说得严谨周密，让人信服，需要把握以下几点原则。

首先，与人交谈要诚恳信实不虚美。

唐代的古文运动，主张要根除前朝文风中的浮华矫饰，提倡作文要言之有物，有真情实感。这虽然是千年以前的老夫子讲怎么写作，但作为对于讲话的要求仍是适合的。

西方人有句格言，"诚实是最好的策略"。诚实常常比欺骗能给一个人带来更大的好处，尤其从长远和总体利益来看是这样。只有平时说话做事诚实，绝不撒谎骗人，这个人才可能得到别人的尊重，在社会中获得立足之地。

其次，与人交谈要记得言多必失，应当审慎认真。

有个笑话就能说明这个道理。警察在一条新开辟的隧道里迎来了第一千辆通过的汽车，代表市政当局赠送给驾驶人一千元的幸运奖金和一枚纪念章，顺便问道："你拿了钱打算怎么使用？""首先，我要领取一份驾驶执照。"驾车人回答。他太太忙解释说："警官，我丈夫喝了酒，总是胡言乱语。"他那耳聋的妈妈补充说："你看，我早知道，你偷了汽车，逃不了多远的！"故事虽然极端了些，道理却是颠扑不破的。

其三，要言行合一重承诺。

这是我们国家的优良传统，只有言行合一才会取得别人的信任。

最后，合情入理能服人。

说话认真严谨，注重逻辑，不搞偏门，合情入理，才能获得别人的理解。

一个口才出众的人说出的话也一定是严谨周密的，符合思维逻辑，叫人听不出错误和漏洞。把话说得滴水不漏，是交际和表达的一大基本功。

第六章

认真做人真诚待人，

人人都挺你

认真是品格的王冠

英国政治家和外交家乔治·坎宁在1801年这样写道:"我的道路一定是通过品格获得权力,我不会选择其他的途径。我坚信这条道路的正确,它虽然不是最快的,但却是最有把握的。"

另一位英国议会大臣弗兰西斯·霍纳的一生就有力地说明了这一点。霍纳38岁去世,但比其他任何人对公众的影响都大。所有人都尊敬、热爱、信赖和哀悼他,除了没有良心品格低下的人。在议会中,任何人都没有像对他这样的尊敬。有人指出:"霍纳的价值和启示在于他的一生激励着每一个正直的年轻人。"

也许有人要问,霍纳是怎么做到这一点的?是因为他的出身?他只是爱丁堡一个商人的儿子。是因为有钱?也不是,他的亲戚都不富裕。靠官位吗?他只有一个职务,而且只干了几年,并没有什么影响,工资也不多。靠他的能力?而他并不出色,也没有什么天才的东西。他谨小慎微,唯一的目标就是不出差错。靠他雄辩的口才?他语调平和,意味深长,没有咄咄逼人的气势,也不会花言巧语的利诱。是他迷人的风度？他只是不做错事、平易近人而已。

那到底是什么呢？答案是：他的见识、勤劳、克制和善良的品质，是他认真做人的人格力量。

这种认真做人的品行不是与生俱来的，也没有什么特别的因素，而是靠他自己的培养。在英国参议院中，有很多比他更有才华、口才更好的人，但是，没有人的道德价值比他更大。霍纳的一生表明，平凡的能力借助高尚的品格就可以功成名就，因此，品格是人最大的财富。

富兰克林也把他的成功归因于认真、正直、诚实的品格，而不是他的才能或演说能力，因为他在这些方面都没有什么出众的地方。他说："人们都很看重我。我口才很差，从来不能口若悬河，有时候还结结巴巴，而且经常出错。不过我还是能准确地表达自己的意思。"地位低的人和地位高的人一样，品格给人信心。

据说俄国亚历山大一世的个人品格等于一部宪法。在佛朗德战争期间，蒙田是唯一没有关上城堡大门的法国绅士。据说他的个人品格比一个骑兵团更能给他提供保护。

没有灵魂的头脑，没有德行的知识，没有仁善的聪明，固然是一种力量，但它们是只能起坏作用的力量。他们或许能给我们一些启发，或者也给我们一些趣味，但是你很难尊敬他们，就好比我们对待扒手的敏捷或拦路强盗的马术一样。

认真是种美德，品格就是力量，它比知识就是力量更为正确。认真的品格，赢得全世界的尊敬。

认真是撼动人心的影响力

人不是一个孤立的个体，在社会大家庭中，我们每天都要与他人接触，或许是亲朋好友，或许是朝夕相处的同仁，或许是素不相识的陌生人，人与人之间就像是一个密不可分的链条，息息相关。

人是做事情的人，事是人做的事。做人决定做事，做事先做人。一个认真做人的人，也必定是一个做事认真的人。

一个对人对事都认真的人，凡事就可以轻而易举地办成，而且人缘好、有声誉，处处受到人们的欢迎。反过来，那些与人交往缺少诚意、自以为是，做事投机取巧的人就可能处处碰壁，人际关系一塌糊涂。

一个人即使缺少文化，能力平平，且出身背景和家境平凡，但只要品格高尚，他总会产生一定的影响，不管他是在社交场合、在商场，还是在其他地方。

认真、诚实、正直和善良，虽然不是命运攸关的东西，但却是一个人品格的本质所在。具有这种品质的人，一旦和坚定的目标结合起来，他就有了无比强大的力量。他就有力量做善事，有力量抵制邪恶，有力量战胜各种困难和不幸。

所以，立世之前先学做人。做个能人：有领导力，智商、情商、财商都高的人；做个强人：有专长（有很强的专业知识），有自己做事风格，勤奋、积极、充满勇气，让人欣赏的人；做个好人，心地善良，做事对得起自己，也对得起别人。

认真的人，总会赢得人们的尊重和欣赏。认真的人，总会处处受到人们的欢迎。

真诚为你的人气加码

在这个浮躁的社会里,不乏虚伪之人。他们把真诚的技巧看成是蒙骗对方并谋取私利的一种手段。但是,虚伪、伪装的东西是绝对经不起时间的检验的,迟早会被人所识破。所以,一个人若染上了这种毛病,也就注定了他失败的命运。

做人要求真。我们之所以追求代表真实的人和事物,因为它代表着最崇高的美德——诚实与正直。

美国著名的行为科学家丹尼斯·韦特莱博士说,所谓"因果定律法则",无非是一个人的诚实与否,经过一段时间后所显示出来的结果。一个人不能诚实地面对自己,就无法真诚地面对别人,就不能拥有真正的人格。用蜡塑成的人或房子,在某些情况下会融化。内心不诚挚的人,最终必将显露真面目。而一个人愿意把自己隐藏在内心深处的东西坦白地暴露给对方,就能很容易地走进对方的心灵深处。

大三下学期,甘伟找了一份家教工作,辅导一个公司经理的儿子。

每次上课之前,他都像老师一样,一丝不苟地备好课,认认真真地写教案。上课时间,不管刮风下雨,烈日酷暑,他都准时到达,从不延误。室友见他这么认真负责,都猜想他得到的报酬一定十分丰厚,没想到他说每小时才12元钱。大家一听,个个迷惑不解。有人说:"你怎么这么傻?教高三课程,每小时最少得20块钱。"

"这我知道,"甘伟平静地说,"但我觉得拿12元钱比较合理。如果家教效果不好,我也不好意思拿那么多钱。如果效果好,就当做我的一次社会实践。"

"她父亲是大经理,钱有的是,你有必要搞扶贫助教吗?"又有人劝告他。

"话虽这么说,但我是以一个大学生的身份去做家教,我首先就必须对得起大学生这个光荣的称号。如果我敷衍了事那就损害了大学生的形象。"甘伟仍不改初衷。

在此后三个月里,甘伟为他的学生精心设计复习方案,耐心讲解辅导。他的学生也很争气,成绩逐步提高。

甘伟毕业后,被那个学生的父亲邀请到其公司工作,因为这位经理说公司需要甘伟那样不计回报、诚实做人的大学生。

本杰明·富兰克林说:"一个人种下什么,就会收获什么。"我们如果真诚地对待别人,别人也会真诚地对待我们。

真诚是财富,而且是最宝贵的财富。在这方面进行投资的人,可以获得丰厚的回报。虽然没有谁必须做一个富人或做一个伟人,也没有谁必须做一个智者,但是每个人都必须认认真真地做自己,做一个诚实的人。

诚信是人际交往的"信用卡"

星期五的傍晚,一个贫穷的年轻艺人仍然像往常一样站在地铁站门口,专心致志地拉着他的小提琴。琴声优美动听,虽然人们都急急忙忙地赶着回家过周末,还是有很多人情不自禁地放慢了脚步,时不时地会有一些人在年轻艺人跟前的礼帽里放一些钱。

第二天黄昏,年轻的艺人又像往常一样准时来到地铁门口,把他的礼帽摘下来很优雅地放在地上。和以往不同的是,他还从包里拿出一张大纸,然后很认真地铺在地上,四周还用自备的小石块压上。做完这一切以后,他调试好小提琴,又开始了演奏,声音似乎比以前更动听更悠扬。

不久,年轻的小提琴手周围站满了人,人们都被铺在地上的那张大纸上的字吸引了,有的人还踮起脚尖看。上面写着:"昨天傍晚,有一位叫乔治·桑的先生错将一份很重要的东西放在我的礼帽里,请您速来认领。"

人们看了之后议论纷纷,都想知道是一份什么样的东西,有的人甚至还等在一边想看个究竟。过了半小时左右，一位中年男人急急忙忙跑过来，拨开人群就冲到小提琴手面前，抓住他的肩膀语无伦次地说："啊！是您呀，您真的来了，我就知道您是个诚实的人，您一定会来的。"

年轻的小提琴手冷静地问："您是乔治·桑先生吗？"

那人连忙点头。小提琴手又问："您遗落了什么东西吗？"

那个先生说："奖票，奖票。"

小提琴手于是就从怀里掏出一张奖票，上面还醒目地写着乔治·桑，小提琴手举着奖票问："是这个吗？"

乔治·桑迅速地点点头，抢过奖票吻了一下，然后又抱着小提琴手在地上疯狂地转了两圈。

原来事情是这样的，乔治·桑是一家公司的小职员，他前些日子买了一张某银行发行的奖票，昨天上午开奖，他中了五十万美元的奖金。昨天下班，他心情很好，觉得音乐也特别美妙，于是就从钱包里掏出五十美元，放在了礼帽里，可是不小心把奖票也扔了进去。小提琴手是一名艺术学院的学生，本来打算去维也纳进修，已经定好了机票，时间就在今天上午，可是他昨天整理东西时发现了这张价值五十万美元的奖票，想到失主会来找，于是今天就退掉了机票，又准时来到这里。

后来，有人问小提琴手："你当时那么需要一笔学费，为了赚够这笔学费，你不得不每天到地铁站拉提琴。那你为什么不把那五十万美元的奖票留下呢？"

小提琴手说："虽然我没钱，但我活得很快乐；假如我没了诚信，我一天也不会快乐。"

康德说过:"这个世界上只有两样东西能引起人内心深深的震动,一个是我们头顶上灿烂的星空,一个是我们心中崇高的道德准则。"如今,我们仰望苍穹,星空依然晴朗,而俯察内心,崇高的道德却需要我们在心中每次温习和呼唤,这个东西就如诚信。

诚信是一种力量,它让卑鄙伪劣者退缩,让正直善良者强大,诚信无形,却在潜移默化塑造无数有形之身,永不褪色,诚信以卓然挺立的风姿和独树一帜的道德高度赢得众人的信任和爱戴。

诚信作为一种传统美德,是人们交际交往的"信用卡",也是维系人与人感情的"信誉链"。有了诚信,人与人交往才会充满温情。

一两重的真诚 > 一吨重的聪明

从前，有一个贤明且受人爱戴的老国王，由于他没有孩子，以至于王位没有继承人。有一天，他宣告天下："我要亲自在国内挑选一个诚实的孩子做我的义子。"

他拿出许多花的种子，分发给每个孩子，说："谁用这种子培育成最美丽的花朵，那孩子就是我的继承人。"

于是，所有的孩子都在大人的帮助下，播种、浇水、施肥、松土，照顾得非常尽心。

其中，有一个男孩，整天用心培育花种。但是，十天过去了，半个月过去了，一个月过去了……花盆里的种子依然如故，不见发芽。

男孩有些纳闷，就去问母亲。

母亲说："你把花盆里的土壤换一换，看看行不行？"

男孩换了新的土壤，又播下了那些种子，仍然不见发芽。

国王规定献花的日子到了，其他孩子都捧着盛开鲜花的花盆涌上街头，等待国王的欣赏。只有这个男孩站在店铺的旁边，手捧空空的花盆，在那流着眼泪。

国王见了，便把他叫到跟前，问道："你为什么端着空花盆呢？"

男孩如实地把他如何用心培育，而种子却都不发芽的经过，仔细地告诉给了国王。

国王听完，欢喜地拉着男孩的双手，大声叫道："这就是我忠实的儿子。因为我发给大家的种子，都是煮熟了的。"

后来，这个男孩继承了国王的王位。

有一句德国俗谚说："一两重的真诚，其值等于一吨重的聪明。"

其他的孩子也一定和这个男孩遇到了同样的事情，发现种子始终不发芽，他们也一定和这个男孩一样，去求教于自己的父母，但是只有这个男孩的母亲，以身作则教导了自己的孩子，告诉了他诚实所带来的价值。

国王发布公告的前提就是要找寻诚实的人，但家长们却为了让孩子能中选而不惜施用欺瞒的手段。

以谎言堆砌而来的赞赏一点也不值得骄傲，成人，往往知道得太多，也因此狭隘了心灵，投机取巧的结果，却是给孩子树立了最坏的榜样。

日本作家池田大作说过："信用是难得易失的，费十年工夫积累的信用，往往由于一时的言行而失掉。"做人应当以诚立身，恪守信用，认真待人，认真做事，这是任何时代都永不褪色的珍贵美德。

尊重别人即是尊重自己

与人相处，要学会尊重别人，包括朋友、学生、陌生人……也许这是一个简单浅显的道理，但是一个看似简单的道理，也需要用心去好好感受。正是因为我们经常会觉得有些道理非常简单，而往往会忽视它，不去用心感受它，所以经常会伤害到别人，甚至会伤害到自己。

在生活中，最珍贵的礼物是尊重和理解。当一个人收到这个礼物时，就会感到幸福，他的自豪感就会得到增进；而馈赠这个礼物的人，也会感到同样的幸福和充实，因为他在尊重和理解他人的同时，自己的精神境界会变得更为崇高，他的人格会变得更为健全。

在现在这个日新月异的时代，社会发展的车轮滚滚向前。但是所有朴实的人生道理就像滚滚黄沙中的黄金，它不会因为黄沙的存在而消失，黄金永远是黄金。

在很多人的生活习性中，我们都可以看到蕴含在这些习性中的每一个人的个性。当然，有一些不好的习性，我们不会学习和效仿，但是我们没有理由去嘲弄和取笑。尊重别人就是尊重自己，而帮助别人也就是帮助自己。在这个广阔的世界上有足够的地方让自己生活也让别人生活，大家大可和平相处。

作家楚布拉德说，如果一个人种下遮阴树的同时明确知道自己绝不会在这些树下乘凉，那么他在发现人生意义方面就至少有了一个开端。在生活中，我们每一个人都会拥有自己的生活习惯和思维方式，当然我们无法保证所有的思维和习惯都是对的，但是当我们用谅解和尊重去面对别人的习惯时，不就是栽下了供人乘凉的大树了吗？

孟子曾说过："爱人者，人恒爱之；敬人者，人恒敬之。"一个人在与别人交往中如果能很好地理解别人、尊重别人，那么他一定会得到别人百倍的理解和尊重。在与他人交往中，要时时本着"设身处地"思想，去理解别人、尊重别人、体贴别人。

与人相处要保持认真的态度，认真对待别人的言行，尊重别人的人格。一个人必须学会尊重他人，用自己美丽的德行去感染人，用自己敦厚的心灵去善待人。这同样是在尊重你自己。

真情换真情，真心赢真心

不欺骗，不隐瞒，以诚待人，才是正确的人生态度。远离尔虞我诈，圆滑世故，多一份真诚的感情，多一点信任的目光，脚踏一方诚信的净土，就可浇灌出人生最美丽的花朵，夯筑起人生坚不可摧的铜墙铁壁。

早年，尼泊尔的喜马拉雅山南麓很少有外国人涉足。后来，许多日本人到这里观光旅游，据说这是源于一位少年的诚信。

一天，几位日本摄影师请当地一位少年代买啤酒，这位少年为他们跑了3个多小时。第二天，那个少年又自告奋勇地再替他们买啤酒。这次摄影师们给了他很多钱，但直到第三天下午那个少年还没回来。于是，摄影师们议论纷纷，都认为那个少年把钱骗走了。第三天夜里，那个少年却敲开了摄影师的门。原来，他只购得4瓶啤酒，尔后，他又翻了一座山，趟过一条河才购得另外6瓶，返回时摔坏了3瓶。他哭着拿着碎玻璃片，向摄影师交回零钱，在场的人无不动容。这个故事使许多外国人深受感动。

后来，到这儿的游客越来越多。

美国的前总统林肯在竞选总统时，对选民讲话时很注意诚实。他没有钱，竞选时没有坐专车，而是按普通乘客买票坐车，每到一站，朋友们就为他准备好一辆耕田用的马拉车。他就站在马车上向选民们演说："有人写信问我有多少财产，我有一位妻子和一个儿子，都是无价之宝。此外还租有一个办公室，室内有桌子一张，椅子三把，墙脚还有大书架一个。架子上的书值得每个人一读。我本人又穷又瘦，脸蛋很长，不会发福。我实在没有什么可依靠，唯一可依靠的就是你们！"林肯这些话给人们留下了很深刻的印象，被称为"诚实的林肯"。

他之所以能当选总统及在美国人的心目中排在历届总统之首，甚至超过开国总统华盛顿，主要就是靠着他的诚实。

人与人之间的真诚和信赖都是相互的，你对别人敞开心扉，真情待人，别人也会信赖你，对你敞开心扉。没有谁会愿意活在欺骗与虚假中，大方些，坦诚些，真诚面对，你会得到意想不到的收获。

诚信是一枚凝重的砝码，放上它，我们生命的天平就不会摇摆不定，我们生命的指针将稳稳地指向一个方位，那里，正是生命的美德殿堂。

认真认个错，形象加十分

人人都会犯错误，尤其是当你工作过重、精神不佳、压力太沉重时，不小心犯错是非常普通的事情。如果我们能在犯错之后认真地面对，便不算什么大事情，甚至还会提升你的形象，对你日后的交往起到大的帮助。

人犯了错误表现出两种态度：一种是拒不认错，找借口辩解推脱；另一种是坦诚承认错误，勇于改正，并找到解决的途径。能坦诚认真地面对自己的错误，再拿出足够的勇气去承认它，面对它，不仅能弥补错误所带来的不良结果，在今后的工作中更加谨慎行事，而且别人也会痛快地原谅你的错误。

在犯了错误之后，绝对不要采取下面的行动。

1. 撒谎否认

说谎的人总说："我没做那件事"，或者"不，不，那不是我干的"，或者"我不知道这是怎么一回事"，还有"我发誓"等之类的话。还有一类人犯了错误后，习惯于说："噢，这没什么大不了的，情况会好起来的。"或者"出错了吗？哪里出错了？"或"不要着急，事情会如你所愿的。"

2. 指责别人

这种人犯错后会说："这是你的错，不是我的错。"他们也会说："我的雇员对我不忠实。""他们说得不清楚。""这是老板的错。"等。还有些人会说："如果再给我点时间的话，我会做好的。"或者"人人都这样，我为何不可。"

3. 半途而废

这种人经常说："我早就告诉过你那样做不管用！""这件事太难了，不值得我投入这么多的精力，还是换个简单一点的吧。""瞧，我都做了些什么啊？我不想自找麻烦了。"

当我们犯了错时，如果我们对自己诚实，就要迅速而诚恳地承认。这样不但能产生惊人的效果，而且比为自己争辩好得多。如果你总是害怕向别人承认错误，那么，你不妨试试下面的办法：

如果你在工作上出错，应该立即向领导汇报，这样虽有可能被大骂一顿，可是在上司的心目中你将是一个诚实的人，将来会更加信任你，你所得到的将比你失去的多；如果你的错必须向别人承认，与其找借口逃避，不如勇于认错，在别人还没有来得及把你的错到处宣扬之前，尽早对自己的行为负起责任；如果你的错误影响到其他人的工作成绩，无论他是否发现，都要主动向他道歉，承认错误，不要自我辩护、推卸责任，否则只会令对方更加恼火。

有些人认为错误有失自尊，面子上过不去，便害怕承担责任，害怕惩罚。与这些想象恰恰相反，勇于承认错误，你给人的印象不但不会受到损失，反而会使人尊敬你，信任你，你在别人心目中的形象反而会高大起来。

勇于承认自己的错误是一种认真和勇敢。智者千虑，必有一失。一个人再聪明，再能干，也总有失败犯错误的时候，关键在于你认错的态度。只要你坦率认真地承担责任，并尽力去想办法补救，你仍然可以立于不败之地。

低调做人，赢取好人缘

张红是个精明能干的女子，年纪轻轻便受到老板的重用，每次开会，老板都会问问张红，对这个问题怎么看？张红的风头如此之劲，公司里资格比她老、职级比她高的员工多多少少有些看不下去。

张红观念前卫，虽然结婚几年了，但打定主意不要孩子。这本来只是件私事，但却有好事者到老板那里吹风，说她官欲太强，为了往上爬，连孩子都不生了。这个说法一时间传遍了整个公司，张红在一夜之间变成了"当官狂"。此后，张红发觉，同事看她的眼神都怪怪的，和她说话也尽量"短平快"，一道无形的屏障隔在了她和同事之间。张红很委屈，她并不是大家所想的那么功利呀，为什么大家看她都那么不屑？

锋芒太露，又不注意平衡周围人的心态，产生这样的结果并不奇怪。她并非是目中无人，只是做人做事一味高调，过分张扬自己。

我们提倡认真做人，并不是说过分张扬自己的个性，过于显露自己的本事。恃才自傲、炫耀自我，是与做人原则相违背的。

唐代的杜审言，也就是杜甫的祖父。唐中宗时做过修文馆学士，为人恃才自傲，曾对人说："我的文章那么好，应该让屈原、宋玉来做我的衙役，我的字足以让王羲之北面朝拜。"因为他的自不量力，总被后世的人们所嘲笑。没有人认为他的才能真的有那么大。

做人，应当保持低调的风格。低调做人，是让你不要太招摇，不要有点小本事就拿出来显摆。很多时候，很多事情，自己心中有数就可以了，没必要拿出来炫耀。自己的本事，可以慢慢拿出来用，在别人最需要的时候拿出来，帮助别人，才会让你成为最受欢迎的人。

低调做人，就要不喧闹、不矫揉造作、不故作呻吟、不假惺惺、不卷进是非、不招人嫌、不招人嫉，即使认为自己满腹才华，能力比别人强，也要学会藏拙。

低调做人，意味着在与人相处过程中能够保持一种低的姿态，不招摇、不显示自我，与人们和谐相处。低调做人，才能把自己调整到以一个合理心态去踏踏实实做人，你才能时时受到他人的欢迎和尊重，并且拥有一个好人缘。

坚守待人准则，人气指数暴涨

人与人之间相处，人气指数很重要，也就是说，人气指数与人缘关系成正比。而能否拥有满意的人气指数与良好的人缘关系，关键在于你是否认真待人，对人抛以一片诚意。

1. 努力使自己永远受到热情接待

一个对周围的人真诚感兴趣的人两个月结交的朋友比另一个力求使周围的人对他感兴趣的人两年结交的朋友还要多。

不过，我们知道有一些人一生都在努力使别人对他感兴趣，而他们自己对谁也没表示过任何兴趣。当然，这不会有什么结果。人们对你和我都不感兴趣，他们首先对他们自己感兴趣。

为了交朋友，不能自私，要努力关心他人，为此需要时间和热情。有一位亲王为周游南美洲，曾花几个月的时间学习西班牙语，以便用出访国语进行公开讲演。这使他博得了南美洲居民的热爱。

所以，你想引起人们的钦慕，你应遵循的第一条准则是："对人们表示出真诚的兴趣。"

2. 给人留下好印象

一次宴会上，宾客中有一位继承了一大笔遗产的妇女，她渴望给所有人留下美好的印象。她拿自己的财产买貂皮、钻石和珠宝，但她不注意自己脸部易于激动和自私的表情。她不懂得每个男人都清楚：妇女的脸部表情比她的服饰更重要。

行动比语言更富有表现力，而微笑似乎在说："我喜欢您，您使我幸福，我高兴看见您。"这就是我们为什么喜欢狗的原因吧。狗总是高兴看见我们，满意地跳来跳去！自然，我们也高兴看见它。也有装出来的笑容，不过这种笑谁也瞒不过。装出来的笑容只能使人感到痛苦。我们在这里说的是真诚的微笑——使人感到温暖的微笑，发自内心的微笑。

3. 善解人意，体贴别人

一个体贴别人的人，总是设身处地地为别人着想，不让别人紧张、拘束，更不会让别人尴尬难堪。据说，莎士比亚就具有善解人意的神奇能力。在和人交往的过程中，他就像一条变色龙，能根据交往对象的不同特点，随着时间、地点的变化，进行应变。文学批评家威廉·哈兹里特指出："莎士比亚完全不具有自我，他除了不是莎士比亚之外，可以是其他任何人，或是任何别人希望他成为的人。他不仅具备每一种才能以及每一种感觉的幼芽，而且他能借着每一次的命运改换，或每一次的情感冲突，或每一次的思想转变，本能地预料到它们会向何方生长，而他就能随着这些幼芽延伸到所有可以想象得出的枝节。"

4. 成为好的对话人

成功交谈的秘密在哪里?著名学者查理·艾略特说:"一点儿秘密也没有……专心致志地听人讲话这是最重要的。什么也比不上注意听——对谈话人的尊敬了。"倾听可以使他人感受到受尊重和欣赏,而这一点正是对方要的。

您如果想成为被人喜欢的人,请记住第四条准则:"要善于注意听别人讲话并鼓励其讲话。"

5. 欣赏他人的优点

有一条十分重要的涉及人们品行的准则。你如果不轻视这条准则,你几乎永远不会落入困难的境地。谁遵循这一准则,谁将有众多的朋友并经常感到幸福。准违反这条准则,谁就会遭受挫折。这条准则是:"欣赏他人的优点。"你想得到你所接触的人的赞扬,你想让别人承认你的优点,你想在那个小天地感到自己能起些作用,你就要尊重。

第七章

认真恋真心爱，
赢得一生的真爱

爱，是认真过一生的责任

因为有了那冥冥之中的缘分，而使两个原本陌生的人走到了一起，建立起家庭，从此共同面对风雨人生，携手一路同行。缘分最珍贵的是相依为命，最浪漫的就是陪着你慢慢变老。缘有多深，情就有多深；缘有多长，情就有多远。对于世界而言，你是一个人；但是对于某个人，你是他的整个世界。

爱是一种责任，而爱的本质应该是给予，是一种奉献和激情，这种奉献和激情不是出于观念，不是出于伦理道德，完全是出于内心，出于感情，出于担当。

无论世事怎么变迁，爱情仍然是最为古老最为美丽的故事！爱，绝对不是缺了就找，更不是累了就换。美满幸福的生活，才是爱情的目的，这里的生活不是一个人好好活，而是两个人如何一起好好过。

只要我们多一份责任，多爱对方之心，多一份宽容对方之心，多承担一份苦难，少一些责难，少一些逃避。对生活多一点热情，对感情多一点激情，对婚姻多一点宽容。用心去经营爱情，我们就一定能执子之手，与子偕老！

爱，就要认真地爱，为爱承担起自己全身心的责任。只有承担起责任，才会全心全意地爱对方，才能为对方带来一生的幸福，才能与对方共同驾驶爱情之舟，度过人生的风风雨雨，最终抵达爱情的港湾。

正如《爱是一种责任》这首歌所唱的：

爱，它是一种责任，
所以我才会去选择等。
并不是没比你好的人，
而是我只对你一个认真。
爱，它是一种责任，
彼此包容才能完整。
也许你不是最适合我的人，
却是我最不想放弃，
最想珍惜的永恒。

婚前想明白,婚后不折腾

有人说"婚姻是爱情的最高潮",有人说"婚姻是爱情的坟墓"。我们究竟应该如何正确看待婚姻,应该如何正确对待婚姻呢?面对婚姻,你是否做好了心理准备呢?

1. 婚姻是自己的事

每个人都必须对自己的选择负责。每个人都有责任在结婚前对对象有一个真正的了解。如果你连你的结婚对"重婚"这样的事情一点都不了解,就和对方结婚了的话,这是非常草率的,是对自己的不负责任。

每一个真正健康对待爱情和婚姻的人都是希望自己的婚姻是长久的、和谐的。

这就需要我们在走进婚姻前,认真地对待它。婚姻是个人的事情,个人有权利任意处理。但同时更需要合理地处理。但绝不能因为这种个人性,而逃避相应的责任。我们需要对对方、还有婚姻本身认真负责。

2. 你真的懂对方吗？

许多年轻人都对自己的爱情非常自信。而这种自信来自于他们对自己认识能力的自信。但必须注意，恋爱往往会蒙蔽你的眼睛，你往往会将他们的一些缺点当作个性，当作"酷"。但在结婚后，你可能会发现根本不是这样的。你会发现对方的懒惰让你无法忍受，你会发现对方的迟迟不归让你难受。你会发现，原来对方有这么多的缺点，原来对方同你梦里想要的那个人，还有这样大的差距。

有这样一个案例，有个女孩不顾家人的反对和自己中意的男人结婚了。她认为他是世界上最好最酷的男人，他生活得非常洒脱、超然和乐观，没有忧愁。她觉得跟着他，她也毫无忧愁。但在结婚后，那种曾经的洒脱在她的眼里逐渐变成了游手好闲、不思进取，他不努力工作，整天靠她养活也并不内疚和羞愧。于是她觉得他其实根本不是值得自己托付终身的理想伴侣，但她却没有办法回头了。

针对这样的情况，在结婚之前，你一定要好好认识清楚要与你共度一生的人，你一定要确定你愿意容忍他的一些缺点。其实，适当的容忍是非常正常和必要的，有人说得好："承受不了感情上的委屈，哪来倾心的感情呢？"同时，一定要注意沟通。男女双方有时并非不想沟通，而是缺乏沟通的"勇气"，毕竟"爱"和"迁就"是有很大差距的。两个人要尽量站在对方的角度去看问题，不要太固执，也不要全无立场，要灵活一些。这种换位思考的习惯对于感情的交流是非常有益的。因此，青年男女在结婚前就应该形成这样一种习惯，并将其贯穿到爱情的始终。

3. 婚姻是生活的驿站

不要把婚姻想象得过于理想,那里一定会有荆棘和坎坷;也不要把婚姻看作是爱情的坟墓,"它是生活的一个驿站,是双方共同成长的过程。"未恋爱的人在选择配偶时,要考虑两人之间是否有爱存在,千万不要盲目;决定结婚时,更要理性地考虑,因为结婚是人生的里程碑,同时对将来的生活的转变要有心理准备。而结婚表示肯负起照顾另一个人的责任,当配偶遇到挫折时,你要悉心地帮助配偶,直至配偶能再度站起来;当配偶有成就时,你会以配偶为荣,并鼓励配偶再创高峰。"凡事有好的开始必有如意的结果,两情相悦的结合才有幸福可言!"

在结婚之前,你一定要认识到:恋爱是浪漫的,而婚姻是现实的。你必须有勇气面对现实生活里的各种问题。理解到"相爱容易相处难"的生活哲学之后,才能走进婚姻的殿堂。在结婚以后,双方要互相理解和体贴,不要强迫别人按照自己的意愿行事。

可以恋爱，不可滥爱

对于每个期待恋爱的人，如果一出门就邂逅了自己命中注定的那个人，必然是好事。但是，爱情是个难题，往往我们要经历多次"爱了、聚了、散了"才能遇到命中注定的另一半，才能执子之手，与子偕老。因此，恋爱中的男女，请谨慎挑选自己的婚姻伴侣。

有人说找丈夫如买鞋子，合不合适只有自己才知道，虽然每个人都在穿鞋子，可是只有女人自己最清楚，选择一双合适的鞋子其实并不容易。

天下女人都爱鞋，却各有所好，或喜华丽的，或喜名贵的，或喜普通的，或喜舒适的……至于穿上鞋后的感觉如何，就只有自己的脚知道了。

有的鞋看上去华丽名贵，穿上去却不舒服，穿的时间一长，甚至会伤到脚；有的鞋看上去虽然粗俗普通，但它却舒服耐用，适合长路远行。别人看到的是鞋，自己感受到的是脚。当你穿上一双舒服合脚的鞋时,将能轻松上路、健步如飞;当你穿上一双不合脚的鞋时,将会负重而行、步履蹒跚。

吴鑫从上大学到现在,谈了不少男朋友,可至今仍是单身一人。很多不了解她的人都觉得她太挑剔,连她妈妈也担心她这样下去,把自己的美好姻缘都错过了。

但是吴鑫却不这样认为。她总结了一下自己的性格:她有点强势,所以找老公不能太大男子主义;她喜欢自由,所以老公也应有自己的事业,不能老守着她;她喜欢浪漫,所以老公也不能太木讷。

而这些经验也是从她以前的男友经历里得出来的,所以现在吴鑫认准了对象后,就开始耐心等待。

后来,同事给她介绍了全俊表。虽然他没有吴鑫以前的男朋友有钱,也没有以前的男朋友帅气,但他性格温和,也有一份稳定的工作,同时讲话也挺幽默的。几次接触之后,吴鑫就对他倾心了,而全俊表也对她挺来电的。所以两人在交往了一年后,结婚了。

听到吴鑫结婚的消息,她身边的人都很吃惊,以为她挑来挑去会选一个有钱又帅气的,所以她们都认为像她这样这么"高眼光""花心"的女孩,肯定过不了几天就离婚了。但是吴鑫和全俊表的日子却过得温馨甜蜜,羡煞旁人。

正如吴鑫自己所说的,"虽然我喜欢挑挑拣拣,但我并没有哪一次是滥爱,没有拿自己的爱情开玩笑。要从自己的恋爱里归纳最适合自己的类型,然后一旦看中后就赶紧决定,不然被别人捷足先登了，岂不是浪费自己之前投入的时间和精力？"

吴鑫就是一个很好的例子。在不知道哪样的人才适合自己之前，可以挑拣挑拣，但是绝不可以滥爱，不能因为寂寞就随便凑合，不能因为所谓的爱情就放弃守护底线；不能为了找到更好的男人而脚踩几条船；更不能为了图安逸和收益就嫁个有钱又像老爸的老男人。张爱玲曾经说过："我要让你知道，在这个世界上，永远会有一个人等着你，无论在什么时候，无论你在什么地方，反正总会有这样一个人。"所以未婚的人不愁嫁，何必把自己的青春浪费在不值得托付终身的人身上呢？

所以，可以 N 次恋爱，但不可一次滥爱，你虽然无法左右别人对自己负不负责，但是你自己一定要对自己负责，别辜负了此生这一遭。

给恋人一方秘密的绿洲

一位诗人写过这样的诗,大意是这样:"我们两人都是泥塑的,将你打碎,将我打碎,再用水调和,再塑一个你,再塑一个我。你泥中有我泥,我泥中有你泥。"恋爱的双方,当然要你中有我,我中有你,但这并不意味着你就是我,我就是你。

你中有我,我中有你,你不是我,我也不是你,所以,恋人们要学会留一方绿洲,不仅给自己,也要给对方。有了爱,亦应保持独立的人格。爱情,只能产生于两个独立人格的男女之间。

有的年轻人一旦陷入热恋的过程中,就会找不到"自己"。他们的眼中只有恋人,为了恋人可以不顾一切。为了迎合恋人的需要而改变自己的想法,为了让恋人快乐而舍弃自己一切的事情,他们的头脑中只有一个意念:只要恋人高兴,让我怎样都行。其实,这样的恋爱方式是错误的。

爱情,特别是现代爱情,在人格上应是独立的。如果用掩饰甚至泯灭自己的个性来迎合对方,实际上是抹去了爱的魅力。

爱情的价值在于帮助对方提高，同时提高自己。这样，才会赢得更甜蜜、更牢固的爱情和更充实的人生。留一方绿洲给爱人，千万不要让热恋只剩下热恋。

爱情与许多的东西息息相关，爱情需要很多的因素，如果一味地把自己的空间都给了爱情，整个人沉湎于爱河之中，那么随着诸多相关因素的消失，爱情注定会像鲁迅先生在《伤逝》中说得那样，无所依附。

爱情不可能独立地存在，它只是人生的一部分，而不是全部。所以，恋人也不能一头栽进爱河，便洗得全身都是爱的细胞，眼中没了一切，只有恋人和爱情。爱情，定要有所依附。

心理距离有间要优于无间，要学着将无间调为有间。制造一种新的心理距离，显得尤为重要，要不断获取一种对恋人来说是新鲜、陌生的东西，重新拾起原来的兴趣爱好，即使厮守在一起，也可以有一些彼此分开的活动。

与恋人相处，要给自己留块绿洲，要在上面耕耘出更丰富、更深刻的东西，使恋人对你更加依恋，这样感情才会注入新的活力。恋爱，还要给爱人一个空间，一片绿洲，那片土地是专属你的恋人的，他在那里怎么描绘，怎么耕耘，那是他自己的事，未经允许，不能擅自入内。

由于各种各样的原因，恋人常常会有或多或少不愿旁人触及的秘密，所以给恋人一方秘密的绿洲，会使爱情更朦胧、含蓄，变得婉约、细腻而令人回味，而且还会充分显示你豁达宽广的胸襟。

认真爱一个人,认真过一辈子

"爱情"两个字,每个人都可以脱口而出,而爱情的甜蜜与痛苦恐怕只有相爱的人才会了解。只有真爱不会改变,真爱像钻石般永不褪色。

爱情是一种妙不可测的东西,甚至没有什么游戏规则让人遵守,但当中却必定有一些人人合用的真爱秘诀。牢记着它们,必能与你的最爱白头到老。

接受:"世上没有十全十美的人"这句话是千真万确的,尤其两个人一起并不等于两块合得来的积木,必须互相迁就。你爱他,就必须接受他的一切,甚至缺点。

信任:不信任对方,经常以怀疑的口吻盘问对方,这种互相猜度的爱情就只有分手下场。既然跟他一起,就应该完全信任对方。

关心:关心的程度正好表现你对对方的重视程度,间中打个电话给对方关心式问候一句:"工作辛苦吗?"又或者传呼他:"天气凉了,请加衣。"这些关心未必有实际用途,但起码能令对方暖在心头。

忍受：我们不是圣人，总有情绪起伏的时候，如果对方是"凸"的时候，你何不做"凹"去忍耐一下他，安慰一下他呢？

欣赏：你应欣赏对方的一切，欣赏这段爱情带给你的开心、幸福。这样，你便会爱得更愉快，不要只懂埋怨，在鸡蛋里挑骨头。

自由：纵然已婚，也应给予对方应有自由及保持秘密的权利，你的另一半不是你的终生奴隶，不要让他认为跟你结婚就等如被困笼中的宠物。

付出：爱情这样东西不一定是你付出"一"，便会收回"一"，但不付出，便一定没有收获。对你的爱人，应有如对自己一样，毫无保留的付出，这才算得上真爱。

独立：甜言蜜语的人会说："我是为了你而生"。其实，每个人都有自己的生存意义，不应过分依赖对方，成为对方的沉重负担，甚至负债。

爱：都说是爱情，没有爱又怎会有情呢？爱跟喜欢不同，爱一个人，你必定愿意为他做任何事，这是最高的境界。闲时不妨跟对方说句："我爱你"，担保比任何礼物来得甜蜜开心。

自然：很多人刚恋爱时都会把一切缺点隐藏起来，变成另一个人。日子久了，缺点才一一地出现眼前，令对方吃不消。其实，不做作，流于自然的爱情才是细水长流。

保护：做男人的当然要保护妻子，但做妻子的亦要保护对方的尊严，不应容许别人中伤、侮辱你的另一半。

宽大：宽大是基本的要诀，对爱侣的错误，你应以宽大的态度原谅他，因为你是最爱他的人。

分享：若你爱他，就必能与他分享他的喜与哀，这是作为一个伴侣最简单的责任。

明白：不明白对方的想法，对方跟你说话，你永远只独自发呆，那就是一段缺乏沟通的爱情。多站在对方立场，将心比心地想，必定能更了解你的另一半。

心：爱情最重要的道具是心，你必须真心对待，用真心去爱。

诚实：对爱情，必须诚实，时常互相欺骗的感情又怎能天长地久呢？

真善美：三位一体铸真爱

人的价值观、人生观是产生审美错觉的内在原因。正常人总是向往美好的事物，并且往往把善良、真诚与美联系在一起。美丽的外貌容易引起人们对真、善的联想，从而产生好感，这是一种自然的心理反应；真、善的内在本质也容易引起人们对美的沉思，从而产生美感，这是正常的心理效应。

但无论对真、善的理解还是对美的欣赏，都离不开正确的价值观、人生观的引导。没有正确的价值观、人生观，就不会达到真、善、美的审美统一，就无法架起连通内在美与外在美的桥梁，甚至内心连对美好事物的追求和向往都没有。如果爱情没有了正确的价值观、人生观引导下的审美，就容易暗藏危机，导致日后婚姻和家庭悲剧的发生。如果审美错觉有悖于正确的价值观、人生观，一旦爱的激情日趋平息，光环效应随着消失，后悔就为时晚矣。特别危险的是被对方容貌的美丽光环迷住了双眼，忽视了其丑陋灵魂的情况。

巴尔扎克曾对这种情况作了透辟的描述："在虔诚的气氛中长大的少女，天真、纯洁，一朝踏入了迷人的爱情世界，便觉得一切都是爱情了。她们徜徉于天国的光明中，而这光明是她们的心灵放射的，光辉所及，又照耀到她们的爱人。她们把心中如火如荼的热情点染爱人，把自己崇高的思想当作他们的。"

特别是一些青少年，由于性心理的发育还不够成熟，常常不能冷静、客观地审视对方，见其优点而不见其缺点，甚至把缺点也看成了优点。例如有位女子爱上了一个颇为英俊潇洒的男子，在她的心目中他的英俊潇洒遮住了其他一切。当他有些粗鲁时，她却认为是豪爽；他挥霍浪费，她却认为是慷慨大方；他有些方面不老实，她却认为这是聪明机智；甚至他又和别的女人勾勾搭搭，她还认为这种英俊男子哪个不爱……直到她最后吃了大亏，才后悔莫及。

热恋中的男女，要正确看待审美错觉。出现错觉无可厚非，但要通过正确的价值观、人生观来指导和修正这种审美心理。

若要爱，全心爱

林语堂曾说：婚姻叫两个不同的人去过同一种生活。他是在劝诫人们对婚姻不要抱不切实际的幻想，而是要考虑到它的种种不如意之处，免得日后心理落差太大。

两个人由相识、相知，到相恋、相爱，最终携手走向爱情的归宿——婚姻的殿堂，心中无不怀着甜蜜的憧憬、美好的期待。他们在想象之中勾画着未来的生活，哪怕最隐秘的细节、最不易窥测的角落，都被描绘得婀娜多姿、美妙绝伦，连最平凡琐细的生活，也被完全彻底地审美化了。他们陶醉在两个人的世界里，仿佛彼此是对方的上帝。而爱情，成了他们面对生活、主宰命运的唯一钥匙。在过来人眼中，他们是两个甜蜜的傻瓜，因为此时他们还不完全理解婚姻是什么，生活意味着什么。

然而时间的巨手可以钝化感觉，磨平记忆，改变一切。原本使人心旌摇荡的，如今却叫人无动于衷；原本让人铭心刻骨的，现在却使人麻木不仁。连那最让人难以忘怀的一个个美妙瞬间，都变得模糊、淡漠了。是的，时间改变了世界，时间也改变了我们的感觉。

不是因为才华横溢才嫁给他么，怎么越看越觉得这个人除了才华一无所有？不是因为风度翩翩才倾心于他么，怎么越看越感到这人浑身上下都是虚头巴脑？不是因为气质超群、身材出众才非她不娶么？怎么婚后不到一年便觉得这个人形容猥琐、俗不可耐？不是因为心地善良、不慕钱财才对她感念不已，以为今生终于找到了理想中的爱人么，怎么孩子刚一出生这个人就变得斤斤计较、锱铢必较？

生活就是这样，说起来鸡零狗碎、鸡毛蒜皮，说多了还叫人笑话。然而每个人都在生活的粗俗和琐屑之间经受考验。

爱一个"完美"的人并不难，爱一个"有缺欠"的人却很难，长久地爱一个这样的人尤其难。而唯其如此，人的感情才显得深沉厚重、感天动地。说到底，我们谁敢大言不惭地说自己是"完美"的人呢？既然自己并不完美，凭什么以完美要求于自己的爱人呢？

爱一个人，便意味着全身心地、无条件地接受他的一切，包括他坚强掩盖下的脆弱、诚实背后的虚伪、才华表象下的平庸和勤劳反面的懒惰，甚至要忍受婚前不曾发现的种种生活恶习。诚实、善良、美丽、贤惠的是你的妻子；虚伪、做作、小气、庸俗的也是你的妻子。在外夸夸其谈、不可一世的是你的丈夫，在家打老婆、骂孩子，言语粗鄙、行为粗俗的也是你的丈夫。人前油头粉面、西装革履的是你丈夫，人后掏鼻子、抠脚丫子、从不洗袜子的也是你的丈夫。否定了爱人丑陋的一面，也就否定了他的全部；否定了他的全部，也就否定了你自己的生活。

相爱时要真诚，拥有时要珍惜

当两人相爱时，男女双方都会出一些形形色色的招法，来考验对方爱的程度。爱情需要检验，但是要掌握一个"度"，超过了这个"度"，爱情就成了一种折磨，一种痛苦。

临街的阳台，站着一位妙龄女郎。似水的明眸，如云的秀发，被吸引的路人禁不住抬头，看上两眼。一位雅士途经此处，他被女郎的美貌摄去了魂魄，便与她搭讪，向她示爱。

"如果你喜欢的话，请在阳台底下待上100天时间，我自会下楼来会你。"

只有一天就到期了。女郎轻挑窗帘，偷窥那3个多月纹丝不动坐在那里的雅士。她惊奇地发现，那个"忠诚的骑士"缓缓地直起身，夹起椅子，若无其事地走了。女郎顿时昏倒。

99天！雅士欠缺的看来不是耐心，他恰如其分地表达了自己的爱，又恰如其分地保留了自己的尊严。

如果爱情中没有尊重，没有理解，就不会拥有天长地久。

如果不懂得珍惜已拥有的爱情,也将无幸福可言。只有懂得尊重、理解和包容的人才配有爱,懂得珍惜和拥有的人才配有完美的爱情。

有一对情侣,相约下班后去用餐,逛街,可是女孩因为公司会议延误了,当她冒雨赶到时候已经迟到了30多分钟。她男朋友很不高兴地说:"你每次都这样,现在我什么心情也没了,我以后再也不会等你了!"刹那间,女孩的心决堤崩溃了,她在想:或许,他们再也没有未来了。

同样,在同一个地点,另一对情侣也面临同样的处境,女孩赶到的时候也迟到了半个钟头,她的男朋友说:"我想你一定忙坏了吧?"接着他为女孩拭去脸上的雨水,并且脱去外套披在女孩身上,此刻,女孩流泪却是温馨幸福的。其实,爱恨往往只在一念之间。爱不仅要懂得宽容更要及时,很多事只是在于你心境的转变罢了。

人们常说:"有缘千里来相会。"的确,没有哪一种缘分比姻缘更能让人缠绵,更能让人痴情了。缘分是通向爱情圣殿的鹊桥,是男女之间真诚的友爱。因为有了那冥冥之中的缘分,使两个原本陌生的人走到了一起,从此共同面对风雨人生,携手一路同行,"在天愿做比翼鸟,在地愿为连理枝。"缘分依托着多少爱、多少梦、几多情、几多恋。缘分最珍贵的是相依为命,最浪漫的就是陪着你慢慢变老。爱情需要缘分,更需要两个人精心呵护,彼此惜缘。两颗心一起去奋斗,一起去支撑,一起去面对生活中的种种困难,携手走过漫长的人生路。不论贫富,不论健康还是疾病,始终不离不弃。

有爱才会有怜爱，有珍惜才能留住爱。不管为爱有过怎样的迷茫和错误，还是为爱怎样的痴狂过，只要真爱过，就没有让圣洁的爱情受到玷污。但要相信，爱情在平淡中自然升华，应学会捕捉爱的光辉，然后让这份爱细水长流、绵延不绝。

茫茫人海中找到一个心爱的人，这是一种幸运和福气，或许他没有你想象的那么好，但却是最适合与你过一生的人，所以应该知福惜福，好好珍惜。

即将恋爱和热恋中的年轻情侣们，在对待爱情和处理感情的问题上应记住：相爱的时候要真诚，争执的时候要沟通，生气的时候要冷静，愉快的时候要分享，指责的时候要谅解，结婚的时候要包容，拥有的时候要珍惜。

心心相印，跨越"七年之痒"

据国内外婚姻心理学家的调研，婚后第七年夫妻关系往往遇上严重考验，结婚的第七年为"七年之痒"。

"七年之痒"的坎在哪里？分析某地区两年内发生的婚后七年离婚的案件，发现首当其冲的是性格不合与感情不投，男占51.1%，女占37.8%；其次，是"另有新欢"，男占28.9%，女占35.6%。此外，诸如男方提出的精神失常、无生育能力、"白痴"等，女方提出的被虐待、赌博不听劝、嗜酒成性等，比率都不大。所谓性格不合与情趣不投，就心理学而言，是"个性失调"与"感情障碍"。个性失调，用通俗的话说，就是夫妻脾气、性格合不来，男女二重唱，各唱各的调，不合拍；感情障碍，是夫妻对对方的行为产生感情上的抵触，导致感情交流与沟通的堵塞。感情障碍，一般多从个性失调开始。个性失调往往又是出自一些诸如你嫌我啰唆、我嫌你邋遢之类的鸡毛蒜皮的生活琐事。千里之堤，溃于蚁穴。夫妻长期因小事而闹矛盾，积累起来，由量变到质变，由冷淡、疏远、对立，逐步发展到关系破裂。

婚姻心理学家认为，性格是否相合与情感是否相投，是相对的概念，以之作为分道扬镳的理由欠缺考虑，因为性格不合和情趣不投并不意味就无法共同生活。在家庭的两代人之间，在邻里之间，在工作单位，性格不合和情趣不投可以"和平共处"，为什么唯独夫妻之间不行？其实，说穿了，实际上是要对方使自己如愿以偿。因此，性格不合与情趣不投的夫妻，最明智的补救办法是彼此沟通思想，了解对方需求，进而互相调适，互相满足。

"另有新欢"，在婚姻中最具爆炸性。然而，亦不能一概而论。是一念之差而失足？是感情一时冲动而落水？是因性欲诱惑而无法自持？还是道德败坏玩弄人生？除了后者，都应该留下出路，做拯救工作。

婚姻心理学研究表明：性格不合与情趣不调，是一对孪生姐妹，在"七年之痒"中都是现象，其本质是婚姻的厌倦心理。"厌倦"，是单调引起的消极情绪。因此，要挽回"七年之痒"，只有从消除对婚姻的厌倦入手：一方面，从强化家庭职能入手，通过夫妻的相濡以沫，合力实现家庭的生产、消费、生育、赡养、感情港湾等职能，使家庭的综合素质如同芝麻开花，节节升高，促进夫妻感情的不断升华。另一方面，从强化婚姻责任入手，切忌任性，切实做好整合个性与消除感情障碍的工作。"整合个性"，即通过彼此迁就、彼此接纳到彼此应心，使夫妻两个不同的个性模式彼此相嵌，整合为一；"消除感情障碍"，即凡事多替对方着想，不妨调换位置，理解对方，竭力通过满足对方的感情需要来增进心理和生理上的融洽。

　　另外，必须指出有些夫妻的"七年之痒"，源于性的厌倦。城门失火，殃及池鱼。性的厌倦必然扩散至家庭生活的方方面面，导致个性失调和感情破裂，他们又羞于启齿，只好以"性格不合和情趣不投"为借口。如果是这样，那就应当从激活性的活力入手。怎样激活呢？精神分析学家何德勒提出了要对性吸引力进行"改造"。怎样改造？一句话：夫妻必须了解性差异（即男女的性差异），摸着石头过河，探索一条适合双方要求的性爱之路，使夫妻双方都能达到完美的性享受。

真爱无悔，不离不弃爱一生

婚姻要守住的只是一个信念，无论发生什么，我们都要不离不弃。而真正考虑清楚这个前提，那就没有什么矛盾是不可调和的了，其他的只是策略和手段。而真正守住了婚姻的信念，也就决定了一切。

在西式的婚礼上，总有牧师会来询问即将成为夫妻的这一对："你愿意这女子作你的新婚妻子，在婚姻的神圣时刻生活在一起吗？无论是疾病还是健康，只有你们两还活着，你愿意放弃其他的一切来爱她、安慰她、尊重她、持守她吗？"而新人也必须回答："我愿意。"然后他们还要说出自己的誓言："我，接受你作为我的新婚妻子，持守你，从今天起到以后所有的日子。无论贫富、疾病或健康，我都会爱并珍惜你，直到死将我们分开；以此我向你保证我的承诺。"

"问世间情为何物，直叫人生死相许！"感情的事没有人能说清楚，也许说清楚了就不再是感情。婚姻中的爱情在外人看来都是过往云烟，和白开水无异。可是，外来者不明白的却是婚姻中人往往"除却巫山不是云"，虽然找新人是为了新鲜，但有趣的却是往往过了一段时间就又走回到婚姻的老路上，希望新人能变成旧人，以便迁就他的旧习惯。

有人说"铁打的婚姻流水的情"，也许就是这个意思。一个女孩在陷入第三者的困境后，一直无法决定何去何从，结果有一天目睹人家三口欢欢喜喜的场面后痛定思痛，说人家是老夫妻闲着也是闲着，打孩子吵闲嘴也不过瘾，刚好我掺和进去让人家娱乐了一把。

第三者的加入就好像往白开水里加了油，就算刚开始因为水的热度能形成甜美的汤，但最终依然会孤单单浮在水面上，被彻底清出去了。而冷却下来的白开水却好像更融洽了。铁打的婚姻中只要有一个人无怨无悔的坚守，就可以打败一切，而流水的爱情则可能在任何有激情的人中发生，虽然如流星般灿烂，但是大多也如流星般短暂。

谁不希望一生能有一个不离不弃的伴侣呢？谁不希望这个世上有一个人真正懂自己、爱护自己，直至一生一世呢？谁不希望这世上有一个人不要求任何回报，只是死心塌地对自己好呢？我们都希望有这么一个人，如果真有这么一个人，那么我们谁也不会放他走。人同此心，因此，不离不弃的婚姻就是铁打的婚姻、真正的爱情。

第八章

认真不较真，
赢在恰到好处

认真不是较真、认死理

做人要以认真为准则,摒弃浮躁马虎、玩世不恭、游戏人生的态度。但认真不等于较真、不是认死理。太较真了,认死理,就会对什么都看不惯,连一个朋友都容不下,工作和生活也不会顺利、开心。做人是否太较真,正是有人活得潇洒快活,有人活得抑郁烦闷的原因所在。

孔子领着一行弟子东游,半路上,感觉又累又饥肠辘辘之际,正好看到不远处有一个酒家。于是,孔子吩咐一弟子前往,弄点吃的东西。该弟子走进去,对酒家的老板说:"我是孔子的学生,我们和老师有点饿了,请您给一些吃的东西吧。"

老板听闻,想了想,说:"你说你是孔子的弟子,我写个字,假如你认识的话,随便你们吃。"然后,就命人取来笔墨,写下一个"真"字。

该弟子看后,毫不犹豫地说:"这个字太简单了,3岁的小孩子都认识啊,这是个'真'字。"老板仰头大笑道:"你竟然连这个字都不认得,还说是孔子的学生!我看你是假冒的!"然后,就吩咐伙计将他轰了出去。

孔子看到该弟子垂头丧气地空手而归,问后得知原委,就亲自前往酒家,对老板说:"我是孔子,现在有点饿了,想点一些吃的东西。"老板说:"既然你说自己是孔子,那么我写个字,假如你辨认得出,那就随便吃。"然后,又写下一个"真"字。孔子看了看,说这个字念"直八",老板爽朗地开怀大笑道:"孔子果真名不虚传,你和弟子们免费吃吧,随便点单。"

刚才那位弟子百思不得其解,便问孔子:"这明明是'真'嘛,为什么非说是'直八'?"孔子解释道:"很多时候,是认不得'真'的,你非要认真,自然会碰壁。处世之道,你还得继续学习啊。"

这个故事说明了一个道理,那就是做人不能太较真。

认真不等于较真。假如你在公共场所碰到不顺心之事,那就不值得为之较真郁闷了。有时素不相识的人冲撞了你,其中必然存在一些你不知道的原因,不知什么烦心事让对方此刻心情糟糕,行为失控,只是碰巧让你遇到了罢了。

聪明的人永远不会跟萍水相逢之人较真。如果对方为人处世水平欠缺,跟他们较真就等于将自己降低到对方的水平。再有,从某种程度上讲,对方的冒犯也许是在发泄和转嫁他内心的苦楚,尽管我们并没有绝对的义务帮他们分担苦楚,但若我们用的态度宽容以尽量对他们提供一些帮助,等于是在无形之中做了善事。既然如此,我们为何还要愤愤不平与烦恼不止呢?

小计较，大遗憾

在人的一生中，计较就好比是幸福生活的绊脚石。假如一个人为了获得当前相对舒服安逸的生活，总是习惯于千般牢骚、万般计较，就容易付出让幸福走远的代价。很多时候，正是一些习惯性的小计较，给人生酿成了难以弥补的大遗憾。

据美国心理学会的调查结果，在美国的心理诊所，平均每个月每位医生至少会碰见一位这样的中年患者：这些人担负着养家糊口的重任，却仍然在公司的底层苦苦挣扎。他们的口头禅大都是："凭什么我辛苦地做了大半辈子，依旧没有获得升职加薪？一些大学毕业三五年的小毛孩却脱颖而出，甚至成了我的顶头上司？"

这些中年患者不停地向医生抱怨，他们计较自己在一个岗位上辛苦工作了十几年，公司却总是对他们的付出置若罔闻。难道这些心力交瘁的中年人士果真就是缺乏伯乐才受不到公司重视的吗？在讨论这个问题之前，让我们先来说说美国《读者文摘》上登载的一位美国医生的记录，或许，看完后，对于这些患者人生悲剧的根源就了然于心了。

今天，我又接诊了一位中年危机患者，他不停地计较公司不提供机会给他。于是，我问他："先生，您方便将自己受到的不公待遇和盘托出吗？"

"当然方便，前段时间，公司居然要派我去海外营业部工作，您想象得出来吗？像我这样的年纪，到遥远的日本去？"这位中年患者情绪非常激动地说。

"我想说的是，先生，去日本尽管非常遥远，可能还会水土不服，但您不觉得这正是公司给您提供的一次机会吗？"

"我可不觉得是机会。我这么一大把年纪了，还让我如此奔波，这些都应该是二十几岁的年轻人应该要做的事情。说它是机会真是太可笑了，它简直是对我的折磨。"

"那么，您最后怎么处理的呢？"

"我对我的上司说，我患有严重的心脏病，到这么遥远的地方去工作，实在心有余而力不足。"

"那么，先生，我觉得假如您的身体状况并不乐观，也许您应该降低一下对自我的要求，不妨考虑做一些闲差。您知道，做公司的管理者其实压力不小，这也许并不利于您的身体健康。"

"医生，我的病其实一点也不严重，这只是我找的一个拒绝的理由。我这样说，公司就不会派我去日本工作了。"

原来，这位病人和我所见过的所有一事无成、牢骚满腹的患者没什么区别。他们并没有什么真正的疾病，只不过他们遇到事情太计较，总是为自己寻找不做事的理由，从青年开始找理由，一直找到中年直至老年,他们并不知道,导致他们人生郁郁寡欢的源头,恰恰是自己内心中的计较。

　　事实上,一点点表面上看起来不起眼的计较,假以时日地累积起来,就有可能酿成人生的大遗憾。当我们计较公司没有赏识和提拔自己的伯乐时,首先应该自我反省,反省一下自己有没有总是抱着计较的态度在做事。

苛求他人，等于孤立自己

苛求他人，顾名思义，就是对待别人过于严格要求，看别人这也不顺眼，那也不顺眼，确切地说，就是喜欢鸡蛋里挑骨头，对别人身上的毛病太过计较。假如总这样，时间长了，自然没有人愿意接受你的百般挑剔，因为一个人假如总是活在对方的挑剔中，这对他而言，必然是一种心灵上的折磨。

在心理学上，一个人如果过分地对别人施加压力，称得上是一种精神施暴。即便是强者，他的承受力和忍耐力也是有限的，更何况在这世界上生活的更多的是普通人，并非都是强者。假如总是被你如此严苛地"礼遇"，除了极少数无限包容你的人，大多数就算没有表示抗议，估计也会如同躲瘟神一样对你避而远之吧！不管是哪一种情况，相信都没有人愿意看到吧。然而，在实际生活中，并不乏苛求他人和抱怨他人的场景。

"你看人家莉莉的老公，多有本事啊！他可跟你是同班同学，现在人家是一个公司的经理了，住别墅、开宝马车、穿名牌服装。

再瞧瞧你，到社会上混了五六年了，还是一个小职员，啥时候才能像莉莉她老公那样风光呢！"

"真让人上火！做题的时候有没有动脑筋？每次考试都比邻居家的萱萱低十几分，你啥时候给我争口气，考个好成绩回来！你这样的分数，让我这当妈的脸往哪里搁呢？"

"老爸啊，我同事的爸爸跟你年龄相当，人家是局长级的了，你怎么还是个小办事员呢？跟同事聊天都不好意思说！"

……

生活中类似的事例不胜枚举！很多人总是在无休止地苛求别人。试问，一个人整天抱着这样的态度生活，他的幸福指数能高到哪里去呢？

对待周围的朋友，不能太苛求。只要是朋友，无论你们之间存在怎样的差异，都应该懂得去欣赏、去包容。无谓的抱怨和指责是没用的，只能让你失去珍贵的友谊。

计较是把双刃剑,伤人又伤己

在与他人交往的过程中,不要对他人的过失揪住不放,过于计较。因为计较堪称一把双刃剑,既能将别人伤害,也可能会将自己伤害。

白梅和夏雨是一对相识多年的好朋友。因为一件小事,白梅竟然对夏雨有了很大的意见。

过了很多天,白梅仍然心存不满,便忍不住对另一位好朋友牢骚满腹地说:"认识那么多年,我对她还不了解?你知道吗?她竟然在我面前装大!那天,在新世界百货商场偶遇,她居然假装不认识我!我跟她打招呼,她居然视而不见!我真是拿我的热脸贴人家的冷屁股!"

其实,那天正逢夏雨心中有事,白梅向她打招呼的时候,她正在沉思,"两耳不闻窗外事",所以根本就没听见白梅的喊话。但白梅却自感在大庭广众之下很没面子。

后来,虽然有人劝告,有人告之事实真相,白梅仍难以释怀。

因为白梅的计较，两人关系日渐降温。

这件事传出去，亦使得其他人对白梅"另眼相看"，与白梅交往时，不得不多个心眼。

无独有偶，还有一个类似的情况，也让一对友人反目。

郄婷婷和张聪自高中时代便是无话不谈的好姐妹。大学毕业后，郄婷婷在河北石家庄就业、定居；张聪则在北京就业、定居。因生活和工作奔波而忙碌，两人联系日渐减少。

七夕节，郄婷婷给张聪发了一条祝福的微信，但是过了一个星期，郄婷婷也没有等到预料之中的回复。

中秋节之际，当年的班长组织了相识10周年的同学聚会。待饭菜上桌后，同学们开怀畅聊，好不热闹！但郄婷婷总感觉张聪对自己若即若离，便更加感到窝火。

郄婷婷忍无可忍，对张聪气冲冲地说："你是不是觉得自己在北京安了家，自感高人一等，不把我这个昔日的朋友放在眼里了？给你发个微信，你现在都不屑于回复了！"这一番话，听得张聪是一头雾水不知所以然。经过这件事后，两人的感情受到了极大伤害。

其实原因很简单，是因为那天张聪的手机碰巧欠费停机，根本没有收到郄婷婷的短信，尽管见了面，因为不知也未提，误会就这样造成了。

因为计较，事情的性质发生了变化。

只要去计较，类似的事情俯拾皆是，就好比天上的星星，不胜枚举。

过于计较他人的过失，就如同磁铁，那些怨恨、责怪、猜测、多疑就如同铁屑，统统都会收拢归位，进而让你用怀疑不解的眼光去与人交往，去处理事情。

这世间的一切都会随风而去，灰飞烟灭，我们何必事事太较真呢？

认真 = 原则性 + 灵活性

无疑，认真是做人做事的准则。但认真也要讲究灵活性，视具体情况运用。现实生活中，不少人片面地追求认真，固执地坚持原则，容易走极端，把原则抬高到一个不适当的位置，结果造成许多不良的后果。究其根本原因乃在于并没有真正理解这些原则的本质内涵。

显而易见，片面坚持原则的做法有一定不良的后果。从社会来讲，它事实上阻碍了创新和尝试，因为任何新生事物总是以异于传统的面目出现的，不能学会宽容和权变，就很可能会成为一种妨碍进步的力量。从个人角度来讲，片面坚持原则使自己应该做成的事没有做成，自身利益反而受到损害，整个事业也因人际关系僵化而陷入孤立无援的状态。

原则不是绝对化的。做事认真、坚持原则、遵守规则会给我们的社会带来秩序，但如果对原则绝对化，那么这个社会就会变成一潭死水，不再有热情、冲动和生命力。

原则不是绝对的，还因为它不是一成不变的。随着时间、地点、对象的变化，原则就会自然而然地发生变化。以时间角度来看，现在我们身边发生的一些事情在几十年前是不可想象的。以地点角度来看，"淮南为橘，淮北为枳"的故事就告诉我们，同样的东西在不同的领域将会产生大不相同的结果。以对象角度来看，同样是"爱"，对父母就意味着孝敬，而对孩子就很可能成为引导其正确成长的要素。不理解这一点，做事千篇一律地坚持原则，不分对象，不看具体情况，硬要把活生生的现实套入到同一个框子里，做事就会呆板僵化，又怎么能够成功？

原则不是绝对的，还在于原则自己并不能证明自己，原则是好是坏必须要用实践去检验，要看结果怎样，效果如何。如果效果不好，那这个原则有可能就是假原则、有缺陷的原则。不考虑具体情况、教条地讲"认真"、坚持原则，会使你一次次地碰壁、吃亏。

那么，出路何在呢？

首先，应该把原则性与灵活性结合起来。在大原则保持的情况下，在具体问题上则可灵活掌握，在某些情况下，还要敢于突破原则。讲究灵活性，就是要掌握方式方法，要学会用多种手段去达成同一目标。

其次，应注意关心结果。在行事之前多考虑一下效果如何。毕竟我们做事是为了成功，只有成功了，我们才有可能增强自己的实力，才谈得上进一步地坚持原则。

认真≠一竿子捅到底

生活中,有的人做事比谁都"认真",做起事来总是"一竿子捅到底"。

"一竿子捅到底"讲的是:认准目标,勇往直前,不达目的绝不罢休。但一切成功者也应该懂得:人生路上,难免有坎坷,难免遍布荆棘,应该学会改变自己,才可能确保制胜。

当一种动机屡经尝试仍不能成功,达不到预定目标时,应该及时调整目标,变换方式,通过别的方法和途径实现目标,或者把原来制订的太高而不切实际的目标往下调整,改变行为方向,则有可能增加成功的概率。如有的高中生,多次报考大学未能遂愿,他见障碍难以逾越,就改为报考中专、技校,或是电大、职工大学,"退而求其次",来实现自己的目标。这种目标的重新审定和转移,不是惧怕困难,而是实事求是的表现;同时,也降低和避免了由于目标不当难以达成而可能产生的挫折感和焦虑情绪。

有很多的人,宁可吊死在一棵树上,也不肯退而求其次。虽然他们坚定目标，但却不考虑实际能力而"盲目追求"。

实际上，当一个人确定的目标由于自身条件或社会因素的限制，不能实现并受到挫折时，就可以改变目标，用另一目标来代替，以使需要得到满足；或通过另一种活动来弥补心理的创伤，驱散由于失败而造成内心的忧愁和痛苦，增强前进的信心和勇气。

有些人对待问题脱离实际，就认准了"一条道儿走到底，不撞南墙心不死"，从不顾及客观情况，只是单纯的以不变应万变，那也只能是自设苑囿。而有一些人在突然的、意外的重大挫折面前，由于原定的追求目标已不可能实现，或是为了用其他行动来转移、代替心理上的痛苦，就会转而追求别的目标或是进行另外的活动。这也可以获得新的成功，得到心理上的补偿。

那些只讲认真、不知变通的人，做起事来既束缚手脚，又束缚身心，在复杂的现实环境中经常碰得头破血流；而那些真正成大事的人，则敢于挑战现实，在现实中磨炼自己的生存能力，敢于改变自己，改变目标，这才是能成事的做法。

适应现实的变化而迅速改变自己的观念，最重要的是需要我们有一副聪慧的头脑和敏锐的眼睛，做生活的有心人。

出入均有度，攻守皆自如

　　善为事者，时时心中有数，绝不在没有把握的情况下，随意出手。一个人善于抓住时机，见机而进，固然是英雄本色，但急流勇退，能见好就收，适可而止，也是智者之举。这一切都取决于心中之数。

　　适可而止，就是在竞争事业中，时刻注意和自身利益相统一的数量界线，绝不超过度，绝不使事情发展到反面。同样，为人处世都有一个保持质的数理界限，也就是度。超过或者不及，都会使事物的性质发生变化。度的存在，要求我们无论做何种事情，都应有个度量分析，做到"胸中有数"，方可攻守转换。

　　就心力高低的区别而言，不在于能不能做什么事，而在于能否做应该做的事。不该做的事，你做了，即使很巧妙，也只能证明你心力低下；不该做的事，坚决不做，即使显得无所作为，也是心力高超。在纷繁复杂的事变面前，清楚地知道应该做的事和不应该做的事，并相应调整自己的行为，方为智者。荀况曾说过："知所为知所不为，则天地官而万物役也。"老子也说过："无为而无不为"。生活中常常有这样的事，无所作为，就是最大的作为。

攻守转换之计体现在一个"度"字上，不可过急过缓，要掌握既求渐进，又求激进的奥妙。处理好"攻"与"守"的关系，需要高明的攻守转换手段。攻守转换，就是使不符合自己意愿的事物或定式按自己设定的模式和方向运行；攻守转换，是一种强力意志的贯彻，是摧毁之后的重建；攻守转换，是一种武功，也是一种文治。

在为人处世的过程中，如何才能让人心服口服呢？其绝招何在？不同的人有不同的答案，但有一点是可以肯定的，就是必须要有适时变通、能进能退的策略，把攻守转换发挥到淋漓尽致的程度，让人们真心产生佩服感。

人与人之间都是相互依存的，人与人之间的关系也是微妙的，而人的性格也是各不相同的。要想能与每一个人友好和谐地往来，就要改变自己处世的原则，灵活地与人交往，可方可圆，能刚能柔，有进有退，最终开创如鱼得水的局面。

该计较什么,不该计较什么

一个人越是计较,烦恼越多;烦恼越多,牵绊越多。计较他人应该如何对待自己,就是自寻烦恼;计较他人应该如何如何,才是心灵受伤并缺少笑容的主要原因之一。

在一个偏远的小村庄中,因为往昔曾发生过一些令人不快的事情,所以这里的居民相处的融洽度极低。人与人之间根本谈不上互帮互助,几乎每家每户的处事原则都是"各人自扫门前雪,不管他人瓦上霜"。他们在街上碰面后也不打招呼,而且还经常为一些鸡毛蒜皮的小事吵得不可开交,导致整个村庄终日处于鸡犬不宁的状态中。

在新上任的村长看来,这种"相敬如冰""气冲冲"的风气如果继续持续下去,对下一代的人格成长乃至整个村庄的长远发展都极为不利。于是,村长迫切地想要将目前的这种窘境加以改善。经过一段时间的冥思苦想与努力,他找到一位异乡人前来帮忙。

这天,村长召集村民们到村庄中央的空地上开大会,向村民们介绍异乡人:"他是一位会变魔术的技师,而且有着精湛的技艺。"村长话音刚落,只听异乡人拿起一块石头对村民们说:"这块石头魔力无边。为什么这么说呢?因为凡是用它炒出来的菜,就会是天底下最可口的一道菜。要是有谁觉得我在吹牛,我可以当场示范给这个人看看!"

村民们听完异乡人的话后,忍不住交头接耳、议论纷纷起来。过了一阵子,有的村民就把自家的大锅搬到现场,有的村民搬来了自家的大火炉,有的村民则心甘情愿地提供炭火,也有的村民兴致勃勃地开始忙活着生火……总之,整个村庄的人都围着村庄中央的空地,耐心等待异乡人开始表演。

异乡人先是煞有介事地在大锅中倒了一些花生油,并将自己准备的一把青菜放入锅里,同所谓的"魔法石"一并翻炒。稍过片刻,便用一种遗憾的口吻对村民们说:"这么一点点青菜,哪里够这么多人品尝呢?假如能够再多炒一点菜,那么在场的人就都可以品尝到了。"

于是,村民们纷纷跑回家,拿青菜过来。异乡人将这些青菜也放入锅中翻炒。估摸着火候差不多的时候,异乡人自己先试吃了一口,随后手舞足蹈地大声说:"简直是人间美味!假如可以再加一点盐,或是一点肉丝,那味道就更好啦!"

众人听后口水直流,盐、肉和其他的调味品也很快传到了异乡人的手上。没过多长时间,异乡人所用的大锅中就已经放满了佳肴。这盘菜刚炒好端上餐桌,就被众人你一口我一口,吃了个盘底朝天。村民们发现,这果真是天底下最好吃的一道菜!于是,个个欢呼雀跃，脸上纷纷露出了久违的笑容！村长见状，也是满心欢喜。

聪明的你，肯定已经识透了异乡人的魔术秘密吧。

事实上，这块魔法石并没有什么特别的威力，因为真正起作用的是村民们不计前嫌、乐意付出的态度。你拿出一点盐，我献出一点肉，大家协作炒出来的菜，成为天底下最好吃的一道菜，自然在意料之中。

"浮生若梦，世事无常。"今日尚围桌共餐的两个人，明日可能就要各奔东西，何必计较太多呢？如果能抛开隔阂，敞开心扉，珍惜与他人相处的分分秒秒，你就会懂得，山珍海味并非是天底下最美味的佳肴，人情的滋味才是令人回味无穷的绝妙大餐。

但凡生活中的智者都懂得四个字："有所不为。"他们所计较的只是对自己最重要的事物，而且还明白什么年龄应该计较什么，不应该计较什么，有取有舍，收放自如。

一个人计较的越多，并不意味着他得到的就会越多。如果整日计较自己拥有的"够不够多"，是极容易将自己心中真实需要的那份快乐忽略的，进而变得郁郁寡欢、满脸愁容。只要我们将这个心结解开，生活得更轻松、更快乐、更幸福，其实并不是一件困难的事情。

只在做事上认真，不在情绪上计较

情绪是人们对事物的一种最浅、最直观、最不用脑筋的情感反应。它往往只从维护情感主体的自尊和利益出发，不对事物做复杂、深远和智谋的考虑。本来，情感离智谋就已距离很远了，作为情感的最表面部分的情绪，更是最浮躁部分，以情绪做事，是没有理智可言的。

然而在工作、生活、待人接物中，我们经常依从情绪的摆布。有时头脑一发热，情绪上来了，什么蠢事都愿意做，什么蠢事都做得出来。

做人不能过于计较，过于计较的人情绪往往会失衡，为人做事就会表现情绪化，为情绪所控制。不善于驾驭情感不仅会使人伤身伤心，还会使人远离真理，甚至成为别人操纵的对象。所以，你要想学会真正掌控自己，就要学习运用理智的原则驾驭情感、控制情绪。

一个心性敏感的人、什么事都爱计较的人，易受情绪支配，头脑容易发热。问一问你自己,你爱斤斤计较吗?你爱头脑发热吗?你爱情绪冲动吗?检查一下你自己曾经因此做过哪些错事,犯傻的事,以警示自己的未来。

星云大师有云:"能干的人,不在情绪上计较,只在做事上认真;无能的人,不在做事上认真,只在情绪上计较。"计较是人生痛苦的开始。计较之心过盛,会给人带来无尽的烦恼,甚至让美事变为不美,好事变为不好,让人失去太多宝贵的东西。凡事过于计较,堪称是幸福、快乐和成功的劲敌,是自己给自己产生忧思与不幸的机器。

没有一种生活是绝对完美无缺的,也没有一种生活会让一个人百分之百地称心如意。一个倍感幸福的人,不是因为他拥有的多,而是因为他计较的少。倘若你果断地去尝试,将计较抛至九霄云外,你就能时时处处感受到世界充满鸟语花香。

在做事方面我们应当认真,但在情绪上我们不能过于计较。戴尔·卡耐基说:"学会控制情绪是我们成功和快乐的要诀。"情绪的好坏对于你来说是很关键的,你要是情绪控制得好的话,你每天总是乐呵呵的,你的家人和同事看见你也会开心的,因为情绪是可以感染的。所以我们说,要控制好自己的情绪是十分重要的,心情好了,你就会愉快地做任何事情,成功的几率也是很大的。

情绪的好坏就是自己所掌握的。如果你放下计较之心,以积极的心态去看待一切事情,那么,孤独、忧心、失望、丧气、沉沦永远不能搅扰你,生活的缰绳也永远紧握在你手中。

把握认真尺度,赢在恰到好处

为人处世也好,经营事业也罢,都要讲究恰到好处。

没有恰到好处的做事方法,就不会有恰到好处的人际关系。罗素就曾拿两个豪猪的关系作比喻,太远会冷,太近又互相扎得慌。就算君子与君子之间,也会发生摩擦。君子之交淡如水,让人感觉太冷淡;小人之交甜如蜜,又让人感觉太腻歪。

孔夫子还曾经说:"事君尽礼,人以为谄也。"他明明是尽礼数,可是却被其他那些不知礼的人说成是谄媚。

都说"礼多人不怪",但是,哥们儿、姐们儿之间礼数太周到,又有生分、生硬的怪怪的感觉。太大大咧咧了吧,又不知道哪天会难免冒犯好朋友,这个确实不好拿捏。

世上最数办事难。事业的路途上充满了迂回曲折,柳暗花明。只有知白守黑,进退有度,才可能迎来最佳机缘。

人际当数相处难。人心各异,众口难调,与人来往,不可率性较真凭感情用事。对欲望、情感和行为等有所节制,才能找到人际关系最佳的平衡点。

做事也好，人际交往也好，都要讲究恰到好处，率性而为不可取，急于求成事不成，心慌难择路，欲速则不达，过分之事，虽有利而不为，分内之事，虽无利而为之，这就是恰到好处。

俗话说：到什么山唱什么歌。看清形势，见机行事，刚柔并济，才能转难为易，从而让事情风生水起。

讲认真，但不较真；有坚持，但又不要过于固执；张扬个性，但又不要太与众不同；自珍自爱，但又不要过于清高；有理想，但又不要过于天真；有热情，但又不要过于疯狂……

在出世与入世，拿起与放下，舍与得，拒绝与答复、说服与劝导中，掌握了这个度，你就能"从心所欲，不逾矩"。你将会在激烈的竞争中立于不败之地，成功自然也就水到渠成。

第九章

让认真成为习惯，
做最后的赢家

认真的品质，优质的生活

俗语说得好："认真对待一件事并不难，难的是认真对待每一件事。"只有用敬畏的心认真对待生活中的每一件事，你才有可能获得真正的成功，创造理想的优质人生。

有个老木匠准备退休，他告诉老板，说要离开建筑行业，回家与妻子儿女享受天伦之乐。老板舍不得他的好工人走，问他是否能帮忙再建一座房子，老木匠说可以。但是大家后来都看得出来，他的心已不在工作上，他用的是软料，出的是粗活。

房子建好的时候，老板把大门的钥匙递给他。"这是你的房子，"他说，"我送给你的礼物。"他震惊得目瞪口呆，羞愧得无地自容。如果他早知道是在给自己建房子，他怎么会如此敷衍塞责呢？现在他得住在一幢粗制滥造的房子里！

其实，生活中有相当一部分人都在漫不经心地"建造"着自己的"房子"，他们不是本着认真负责的态度积极行动，而是马马虎虎地消极应付着。在关键时刻不能尽最大努力。等惊觉自己的窘迫处境时，早已深困在自己建造的"劣质房子"里了。

当你想要敷衍了事的时候，就请想想故事中的那个老木匠吧。

生活中，你不妨把自己当成建造房屋的木匠，你所建造的"房屋"就是你的"生活"。然后，每天想想你的"房子"该怎么建设才会优质。运用你的智慧，每天认真地敲进去一颗钉，加上去一块板，或者竖起一面墙！记住，你的生活是你一生唯一的创造，不能抹平重建，即使只有一天可活，那一天也要活得优美、高贵，墙上的铭牌写着："生活是自己创造的。唯有用认真的态度，才能创造出优质的生活！"

某个阴天下午，一位老妇人走进一家百货公司，她漫无目的地闲逛着，看得出来，她不打算买东西。当时快到下班时间了，大多数售货员都只是瞥了她一眼，就各顾各地忙着理货了，对老太太不搭不理，唯恐老太太麻烦她们，进而耽误了她们下班。

其中，有一位年轻的女店员却不一样，她是整个公司表现最优秀的职员。自从进入公司那天起，她就热情而周到地为顾客服务，见到顾客时她总是面带微笑；有顾客需要帮助时，她也会主动上前；即使顾客一遍又一遍地试换商品，她也会认认真真地为他们服务。

当她看到老太太时，就主动向前打招呼，问她是否需要什么服务。老太太说她只是来躲雨，不打算买东西。这位女店员虽然也急着理货下班，但她仍安慰老太太说，即使如此，她仍然受欢迎，并且主动和她聊天。当老太太离开时，这名女店员还陪她走上街，为她撑开伞，老太太向她要了张名片就走了。

后来有一天，这名女店员突然被叫到老板办公室里去，老板向她出示了一封信，是那位老太太寄来的，老太太特别指定这名女店员前往苏格兰，代表公司接下装潢一所豪华院宅的工作。

原来，老太太是钢铁大王卡内基的母亲，她把这项交易金额巨大的工作交给了女店员，使这位女店员获得了极佳的晋升的机会。

如果你也用认真的态度对待工作中的每一件事，对待生活中的每一个人，相信用不了多久，你就会有所回报。

认真是一种人生态度

正所谓态度决定一切,就算所有东西都准备好,但是你根本都不想认真地去做这件事,你一点兴趣都没有,你一点动力都没有,试问天底下有哪位成功者是的成功是想成功就成功的。

我们都有这样的生活经验:很多过失都是由于不过认真造成的,而目标的达到则往往是认真的结果;而有时对于同样的工作,认真和不认真也会有不同的结果。

戏剧家斯坦尼斯拉夫斯基说:没有顽强的细心的劳动,即使是有才华的人也会变成绣花枕头时的无用的玩物。这也就是说我们要认真做事。

认真做事,就是遇事都要把事情完全弄清楚,不要一知半解就过。同时要坚持真实,坚持到底。

认真不光是一种做事的态度,也应是一种做人的态度,一种人应具有的品质。

认真的人有一个认真地对待人生的态度,认真认识自己,认识世界，认真地学习。认真的人会自省、会反思，会努力创造一个更好的自己。认真的人也会认真地对待别人，真诚地与人交往，珍惜亲情的可贵，尊重别人的情谊。

认真的人，不是凡事较真的人，不是一个爱钻牛角尖或是认死理的人，而是一个认真对待人生的人。

认真是一种态度，唯有认真的态度才能做好任何一件事。人生的路上都会有挫折，但是记住你的态度，认真地努力，认真地付出，相信我们每个人都会到达满意的未来。

将认真当成一种态度，不仅体现了一个人在工作中的作风、风格、习惯和思想，体现了一个人的人生观、价值观和世界观，体现了一个人对待人生和职业的心智、格局和胸怀。

在生活的洪流中，我们也应有时静下心来想想，目标在何方，路在哪里，又要怎么走，想想看我们的态度是不是够认真？

让认真成为终身习惯

"认真"二字值千金。认真,是立身做人的基础,是做事成功的准则。一个认真的人必是一个诚实守信的人,必然是一个凡事决不马虎的人。

认真是一种态度,一种作风,一种境界。一个想要成功的人就应该把好的规范修炼成一种习惯,把认真内化为自己的一种性格。

当认真成为习惯,它就是一种力量,能深入到一个人的骨髓中,融化到一个人的血液里。

当认真成为习惯,你就能严格要求自己,不折不扣地执行各项标准,关注于工作中的每一个细节,尽可能少地减少工作中不必要的失误,提高工作的成功率,使通向成功的路上少走弯路。

成功者常常不是最具成功条件的人,而是最认真用心的人。科学上的重大突破、理论上的重大创造、技术上的重大发明、工作上的巨大成就都是从严肃认真、一丝不苟中取得的。马克思撰写巨著《资本论》、陈景润向哥德巴赫猜想进军的成果等无不都凝结着认真的汗水。

艺术家齐白石的金石镌刻造诣是很高的，堪称绝技。但他初学时却总是刻不好，曾问他的钦安老师：我该怎么办呢？钦安老师说：南泉冲有的是荒石，你挑一块回去，随刻随磨，等它们都成了石浆就刻得好了。齐白石立刻悟出了其中的道理：世上无难事，只怕有心人。从此，他刻苦认真地学，认真努力使他成功了，在收获了大画家桂冠的同时，也收获了金石篆刻家的桂冠。

毛泽东同志曾经说过：世界上怕就怕认真二字。在客观世界中，任何人都不能回避"认真"二字，只有认真才能有所发现，才能取得成功。

认真是做好工作、办好事情、取得成功的前提和基础。每一个人要想学习，探求新知，有所成就，就必须从认真开始，要让认真成为一种习惯。

播种了一种思想，便会有行为的收获；播种了一种行为，便会有习惯的收获；播种了一种习惯，便会有品德的收获；播种了一种品德，便会有命运的收获。由此我们不妨这样说：习惯决定命运！要拥有理想的命运，就要养成认真的习惯。

让认真成为一种习惯，也是决定一个人职业命运的关键，更是创造美好人生所必须要做到的。

有了认真的习惯，平凡简单的事情，可以做到极致；棘手的难题，可以迎刃而解。认真，难在始终、贵在坚持，只有把认真当成习惯，无论什么时候、什么事情都认真，才能成就一番事业。

将职业当成事业认真经营

有这样一个说法,今天干了明天还想干的是事业,今天干了明天还得干的是职业。两句话虽然只有一字之别,但却道出了事业和职业的巨大不同。这句话虽然总结的简单了点,但说的还是很有道理的,"想干"和"得干"是完全不同的两种心理感受,而这不同的两种心理感受也决定了一个人的人生质量。

职业和事业只有一字之差,但却有着完全不同的含义。你把自己的工作当成职业还是当成事业,反映着你完全不同的心理状态,最终影响着你的成就大小,也影响着你的生活状态幸福指数。

在目前的职场中,不少人把工作仅仅当成一门养家糊口的、不得不从事的差事,谈不上什么荣誉感和使命感,甚至有很多人认为,自己出力,老板出钱,等价交换,谁也不欠谁的,谁也不用过分认真,于是在工作中,只想做企业的老人,而不是做企业的功臣。他们没有一丝创新的热情,而是像老牛拉磨一样,懒懒散散,不求有功,但求无过。只是想"熬啊熬,直到熬成了阿香婆",

便自以为功德圆满。正是抱着这样的心理,一辈子都在为别人做事,职业是别人的,工作是别人的,等到白发苍苍时才发现,一生就这样碌碌无为地混过去了。

成功与随波逐流、应对工作的人无缘。把工作当成职业的人,都把自己从事的工作当成了一种谋生手段,没有几个人愿意认认真真、尽职尽责地去干自己的工作。而把工作当成事业的人,他们的工作的目的往往不单纯是为了谋生,而是把工作当成自己实现人生价值的一个过程,他们往往有着明确的人生目标,知道自己心里想要的是什么,因此,他们对每一份工作都会认真对待,工作中也愿意去动脑子,想方设法把工作做得更好、更到位。

将你的职业当成一门事业认真来做的时候,它的荣誉感和使命感会立即将你工作中的一切不如意一扫而空。工作越干越有劲,人越活越年轻,道路越走越宽广,生活越来越美好。

职业更多的时候是一种谋生手段,而事业是人生意义的一种追求。一旦你投入全部的专心,把你的职业当成毕生的事业认真来做,就会发现,事业是你最好的滋补品,最好的化妆品和最亲密的恋人。

职业是一时的,事业是一生的。把职业当成事业来经营,以认真的态度全力以赴,成功就在前方等着你。

让认真反省成为习惯

从前有一个人，每天要接见很多宾客，或者要出去办很多事情。晚上，他总是吹灭灯火，一个人独自坐在书房反省自己。

今天使我浪费光阴的人是谁？

今天使我贪图享受的人是谁？

今天替我闯祸惹麻烦的人是谁？

今天使我励精图治的人是谁？

今天使我增加智慧的人是谁？

这个人不但自己反省，也教别人反省。他的意思是做人要像做生意那样，每天把账目弄得清清楚楚。如果赚了，继续努力；如果亏了，赶快改弦更张，免得一败涂地。

无论是聪明的人还是愚蠢的人，都不可能不犯错误。明智的人能够改正过错而移心向善，愚蠢的人耻于改正过错而因循前非。移心向善，人的德行便会日日更新；因循前非，人的缺点就会越积越多。此时，我们就要进行自我反省。反省是一种心理活动的反刍与回馈，它把当局者变成一个旁观者，把自己变成一个审视的对象，站在另外一个人的立场、角度来观察自己，评判自己。

在心理学上曾有个很有趣的实验，用镜子来测试动物知不知道什么叫自我。实验者先把一面镜子放进黑猩猩笼中，十天之后，将黑猩猩麻醉，在它额头上点一个无臭无味的红点。黑猩猩醒来后，镜子还没有放进来前，它并不会用手去摸额头，但是当镜子放进笼子后，黑猩猩一看到镜子中的"倩影"，便立刻用手去摸额头，而且用力去搓，表示它知道镜中是自己，而且知道自己原来是没有红点的。

如果省略第一步，没有让黑猩猩先接触到镜子，后来它虽然看到镜中的自己头上有红点，但不会用手去摸，因没有以前的自我可作比较，就无从判断。没有比较就不会用力去把不是自己心甘情愿放上去的装饰品搓掉。

这个实验很让人震惊，当一个人不晓得自己原来是什么样时，就只好任人摆布，添多了，减少了，都不会抗争。但是一旦照过了镜子，知道自己是什么样子，那么一有非自主的改变便立刻发觉，而且这个认识出现后是不可逆转的，已经知道便无法再假装不知道，他会在镜子前面一直看，所以有没有自知是非常重要的。

苏格拉底说，一个没有认真检视的生命是不值得活的。自我反省不仅是了解自己做了什么，最重要的是透过它了解自己真正的意图。柏拉图更进一步说，反省是做人的责任。没有认真反省能力的人不配做人，人只有透过自我反省才能认识到自己的缺点和不足，才能突破自我，不断获得新的成长，才能实现美德与道德的结合。

让认真思考成为习惯

"买土豆的故事"是 MBA 课程经典的职场案例。

讲的是佛罗伦萨州的哈里和约翰同时受雇于同一老板，三个月后，两人的待遇出现了差别。还在做普通员工的哈里找到老板发牢骚，以他和约翰的境况投诉公司不公平。老板没有正面回答，安排他去调研土豆市场，哈里往返于公司与农贸市场数次，勉强回答了市场卖土豆的摊点的地点、数量、价格、品质等问题，然后将"皮球"踢给老板，让公司决定买不买土豆。老板又安排约翰去调研，他只出去了一次，带回全部信息和样品，并经过分析后将物美价廉土豆的客户带来建议洽谈业务。哈里惭愧地低下了头。

故事中的哈里其实在我们很多人身上都能找到他的影子。在工作中，忙于执行领导的指示，不去思考我们所做的事应该达到什么样的效果，怎样才能把事情做得更好。同样一件事情，哈里和约翰执行后达到的效果截然不同，形成这种差距最根本原因在于不同的态度、责任心，在于是否动脑想办法。约翰积极主动，开动脑筋，努力寻找解决方案，使得他把工作做到了更好，圆满完成了老板交代的任务。

一个人要想做一番特别的大事，必须养成认真思考的习惯，遇事多向自己提问。古今中外，许多名人如高山巍峨，明星闪烁，他们的创造，他们的成功都是认真思考、勤奋钻研的结果。牛顿的万有引力，是从研究苹果为什么会落到地上开始的。水开了壶盖会跳起来使瓦特发现了蒸气的力量。这些自然现象，皆是人们生活中惯常所见。然而，常人则熟视无睹，唯有具有认真探求精神的人对此产生疑问，努力探求，以至有所发现，有所创造。

要成就大事，首先得先思考你的事业，思考你自己，向自己提问题，只有养成了这样的习惯，在事业的开创过程中，不断地思考自己，思考自己所做过的、正在做的和将要做的事情；不断地向自己提出问题，看一看哪些是需要弥补的不足之处，哪些是应该改正的错误之处，哪些是该向人请教的不明之处……只有这样，才会不断前进，走向成功。

思考习惯一旦形成，就会产生巨大的力量。19世纪美国著名诗人及文艺批评家洛威尔曾经说过："真知灼见，首先来自多思善疑。"积极思考是现代成功学非常强调的一种智慧力量，如果做一件事不经过思考就去做，那肯定是鲁莽的，也是会栽跟头的，除非你特别地幸运。但幸运并非总是光顾你，所以，最稳妥的办法是三思而后行。

让认真坚持成为习惯

在工作学习或生活中,也许我们想做一件事情,可往往结果却差强人意。可能就因为做这件事情的时候,不够认真或坚持。可能这件事情很难,很辛苦。于是我们放弃了,中途或者一开始就知道会很辛苦,就放弃了。结果,就成为遗憾。可能是一生的遗憾。有时,再回忆起往事,还会后悔,会埋怨自己为什么当时不再认真认真,坚持坚持。

有时,人生的差距就在认真和坚持上。

上帝给每一个人都是平等的,出生时,都是白纸一张。而后随着成长,逐渐在这张纸上留下痕迹。而每一人的人生轨迹又不同。看到有些人可能很风光,可能这些人就多了认真和坚持。

认真和坚持是一个很好的习惯,养成这个习惯,我相信人生会有很大不同。这就要求做每一件事情,无论是工作上分内的事情还是生活中必须承担起责任的事情,都要认真和坚持的去做。

这过程可能很艰辛,我们可能会看到困难,看到辛苦,看到苦难，而停止了自己前进的脚步，放弃掉了。世上没有后悔药，所以当面对这样的事情时，无论过程多么艰辛，也要坚持和认真起来。

鲁迅曾说过："前方本没有路，走的人多了，也就成了路。"是啊，做一件事情的时候，前面是没有路的，但只要认真和坚持下来，也就成了路，慢慢地也就成了自己的人生路。

要是人生每一条路都是这样走出来的，虽然过程艰辛，但还是很值得的，毕竟发生的每一件事情，自己都是很认真很坚持的去做的。

这样，我们会发现自己生命中那种神奇，那种美好。认真和坚持还可以让你去体会生命中未知的体验，让自己有一个独一无二的体会。这种体会是任何人也拿不走和给予不了的。

现在人们谋生的手段都不一样，只要走的是正道，只要认真和坚持地去做每一件事情，就会有自己很独特并且很唯一的体验，很唯一的人生。

每当我们遇到困难，难到支撑不住的时候，就再坚持坚持，真的挺过去了，再回头看看，也就真的没有什么了。

每当我们遇到一件事情，就让我们再认真认真，认认真真地去做这件事情，可能事情就不知不觉地好了起来。

让我们尝试把认真和坚持作为我们的习惯，当成我们的人生态度。做事情时，再认真认真，再坚持坚持，真的养成这样的习惯，就真的是进步了。

信念不输场，人生不输阵

香港商业大亨霍英东说过："做任何生意，都有一半机遇和一半风险。你要凭判断和胆量去抓住机会，剩下的风险则要靠自己扛下来。只要能够顶过难关，前面就会是海阔天空。"

成功之路从来不是一帆风顺的，而是充满了坎坷和困难，只有能够坚持下来的才是赢家。在人生的战场上，取胜的砝码全在于每个人能否咬紧牙关坚持下去，只有永不放弃，坚守信念，你才能摆脱困境，迎来希望。

1991年，王文良从五十多名竞聘者中脱颖而出，成为台湾顶新集团的一名推销员。他的任务是去北京各大餐馆推销食用油，上班的第一天，王文良选择了从西单到菜市口的线路一家家上门推销，然后一次次遭受餐馆老板的拒绝和白眼。直到第33家餐馆，王文良才推销出第一瓶油。对于那段推销的经历，王文良始终记忆犹新："我有过多次被人拒绝的失败记录，但是我始终没放弃。成功对于其他行业，只是在别人不去努力时你继续努力一把，但是对于我们搞销售的，要在别人不愿意起床时，你早早爬起来用十倍百倍的努力不停地跟人打交道，坚持做下去！你要与那些在智力和学历上不如你的人，站在同一条起跑线上。你没有优势但你必须取胜，因为到发奖金的时候，别人拿三五千，而你这个北大毕业生不能只拿了600块钱！"没过多久，王文良的销售业绩名列前茅，在进入顶新集团9个月后，他就被正式升为销售科长。正是永不放弃的做法，帮助王文良克服了大量困难，得以成立自己的营销顾问公司。

困境就像一块磨刀石，砥砺出成大事者的意志和信念。经营事业可不是容易的事儿，没有准确的判断和坚定的信念，你就很难达成所愿，这就像行军打仗一样，即使受损失、攻关受挫，你也不能灰心丧气、萌生撤退的念头。

成功说到底还是要靠自己！无论时代如何浮躁，成功者始终清楚自己该干什么，明确想要追求的东西，对自己的事业有预期，懂得如何用心去坚持。即使面对近乎绝望的困境，也会以常人难以想象的坚忍，换来最后的功成名就。比如台湾的"经营之神"王永庆，在最早开米店的时候，由于沙子太多，几乎一粒一粒地将米沙分开，打出了"我的米没有沙子"的招牌——这正是他发迹的开始。

在事业发展的过程中，无论客观条件如何变化，我们都应当认认真真地坚守自己的奋斗目标和发展方向，不陷入误区，少走一些弯路，唯有这样你才能做出成绩、战胜难关。成功的道路其实是简单的——认真做好自己的事业，并且全力以赴。

不忘初心方得始终，做最后的赢家

成功者和失败者都有自己的"白日梦"。不过，失败者常常是虽祈望得到名声和荣誉，却从不真正为此做任何事情，只好在想入非非中度过一生。成功者则注重实效。当他们决心把自己的希望和抱负变成现实的时候，即使在重重摔倒以后，总是有理由坚强地站起来，他们从来没有被暂时的挫折击倒，而是勉励自己采取行动，抱定青山不放松，向着目标奋勇攀登。

成功者共有的一个重要品质就是在失败和挫折面前，仍然充分相信自己的能力，而不是别人可能会说什么。考察一下一些知名人物的早年生活，就会发现他们中的一些人曾痛苦地遭到老师和同事的阻拦和泼冷水，而反对的焦点却恰恰是后来他们出类拔萃的方面。人们断言他们绝对办不成想干的事，或者说他们根本不具备必要的条件。但他们不听这一套！坚定地按照自己的信念干下去。

滑雪教练员彼得·赛伯特首次透露他将开创一个新的项目时，

大家都认为这简直是天方夜谭；站在科罗拉多大峡谷的一个山顶，赛伯特表述了那个从12岁就伴随他的梦想，开始向世人认为不可能的事情进行挑战。赛伯特的梦想——高台跳雪——现在已经成为现实。

赛乌斯博士的处女作《想想我在桑树街看到的》被27个出版商拒绝。但他没有放弃，终于，第28家出版社——文戈出版社看中了该书的潜在市场价值，很快出版并获得了600万册的销量。

《心灵鸡汤》在海尔斯传播公司受理出版之前遭33家出版社的拒绝。全纽约主要的出版商都说："书确实好得很。""但没有人爱读这么短的小故事。"然而现在《心灵鸡汤》系列在世界范围内售出了1 700万册，并被翻译成20种文字。

不忘初心，方得始终。成功者总是年复一年地认真地致力于某件事，以求得一条最合理的最实际的前进之路。无论面对什么情况，成功者都显示出一往无前的勇气和坚持下去的毅力。他们以一种大无畏的开拓精神，稳步前进在崭新的道路上，在困难和挫折面前泰然处之，坚定不移。

不忘记自己最初的梦想，始终如一地坚守当初的信念，认真踏实地付出行动，鼓足勇气、不屈不挠地向着梦想的前方奋进，你就能战胜任何失败，超越一切挫折，获得到最后的成功。